双绕组交直流发电机过渡过程分析及应用

孙俊忠　著

机械工业出版社

本书结合双绕组发电机的特点和工程需要，系统深入地研究并简化了双绕组发电机的数学模型，得出了适用于解析分析和电路模型仿真的基本方程和等效电路。在此基础上，用解析、仿真和试验的方法，系统研究了双绕组发电机在交直流侧同时突然短路、交流侧带负载时直流侧突然短路、直流侧带负载时交流侧突然短路等三种工况下的运行特点。本书供从事新型发电机研发设计的科研人员使用，也可供高等院校电机工程等专业高年级师生参考。

图书在版编目（CIP）数据

双绕组交直流发电机过渡过程分析及应用/孙俊忠著.
—北京：机械工业出版社，2017.9
ISBN 978-7-111-58066-9

Ⅰ.①双⋯ Ⅱ.①孙⋯ Ⅲ.①双绕组－交流发电机－过渡过程－研究②双绕组－直流发电机－过渡过程－研究 Ⅳ.①TM34②TM33

中国版本图书馆 CIP 数据核字（2017）第 232942 号

机械工业出版社（北京市百万庄大街22号 邮政编码100037）
策划编辑：张俊红 责任编辑：间洪庆
责任校对：刘志文 封面设计：路恩中
责任印制：孙 炜
保定市中画美凯印刷有限公司印刷
2018 年 3 月第 1 版第 1 次印刷
145mm×210mm · 5.25 印张 · 131 千字
标准书号：ISBN 978-7-111-58066-9
定价：35.00 元

前　　言

在舰船、飞机、移动通信站、石油钻井平台等独立系统中，经常同时需要体积小、重量轻的高品质交流电源和直流电源，为此马伟明院士提出了双绕组交直流发电机系统的解决方案。双绕组交直流发电机因其优化设计，可很好地满足移动系统对电源品质、体积和重量的严格要求，并显著降低成本。随着综合全电力系统的迅速发展，其必将在舰船、飞机、移动通信站和石油钻井平台等系统中获得越来越广泛的应用。由于涉及两套绕组复杂的电磁影响，双绕组交直流发电机的过渡过程十分复杂，尤其是解析分析更是特别困难，而本书正是针对这一问题而展开论述的。

本书是作者从事该领域多年研究的成果总结，研究方法主要采用等效电路的方法，提出了准确反映两套绕组电磁耦合关系的多相电机等效电路；在此基础上，针对该型电机出线端各类短路工况，给出了各故障情况下电流和电磁转矩解析求解和仿真分析的方法，从而全面、系统地研究了双绕组交直流发电机的过渡过程特性。本书提出的分析方法不仅有效地解决了双绕组交直流发电机过渡过程分析的难题，而且对于其他特种电机特性分析具有很好的借鉴作用，为解决多相电机复杂电磁分析提供了一种简明方法。

本书共包括6章：第1章绪论，主要介绍双绕组交直流发电机的产生背景、研究现状与研究内容；第2章基本电磁关系和电路模型，主要对双绕组交直流发电机基本电磁关系进行了分析与数学建模；第3、4、5章分别为交直流同时突然短路、交流侧带负载时直流侧突然短路、直流侧带负载时交流侧突然短路的过渡过程分析，主要针对双绕组交直流发电机不同短路故障工况下的电流与电磁转矩进行分析、仿真与试验验证；最后一章则重点对双绕组交直流发电机短路电流和电磁转矩问题进行了综合分析与比较。

本书的撰写是在我的导师马伟明院士的精心指导下完成的，谨以此书献给马伟明院士。

蔡巍博士在本书编写过程中，做了大量工作，在此表示衷心感谢。

由于作者水平所限，书中难免存在缺点和错误，欢迎读者批评指正。

孙俊忠

目　　录

前言

符号表

第1章　绪论 ································· 1

1.1　双绕组发电机产生背景和意义 ················ 1

1.2　国内外研究现状及存在问题 ················· 3

1.2.1　多相电机及发电机整流系统研究 ·········· 3

1.2.2　双绕组发电机研究 ··················· 7

1.2.3　双绕组发电机突然短路研究 ············· 8

1.3　本书主要内容 ······················· 11

第2章　基本电磁关系和电路模型 14

2.1　概述 ···························· 14

2.1.1　结构特点 ······················ 14

2.1.2　基本假设 ······················ 14

2.1.3　正方向选择 ····················· 15

2.2　基本方程 ·························· 15

2.2.1　简化假设 ······················ 16

2.2.2　定子方程 ······················ 16

2.2.3　转子方程 ······················ 20

2.3　耦合关系 ·························· 20

2.4　十二相整流绕组的等效 ·················· 23

2.4.1　基本思想 ······················ 23

2.4.2　等效后的电磁量 ··················· 23

2.4.3　等效后的基本方程 ················· 23

2.5　等效整流绕组的折算 ··················· 24

2.5.1　折算后的电磁量 ··················· 24

2.5.2　折算后的基本方程 ················· 25

2.6　等效电路和运算电抗 ··················· 26

2.6.1　磁链等效电路 ···················· 26

2.6.2 电压等效电路 ································· 28
2.6.3 参数换算关系 ································· 29
2.6.4 运算电抗 ··································· 29
2.6.5 超瞬变、瞬变和同步电抗 ························ 32
2.6.6 时间常数 ··································· 32
2.7 输出功率和电磁转矩 ······························ 33
2.7.1 输出功率 ··································· 33
2.7.2 电磁转矩 ··································· 34
2.8 电路仿真模型 ································· 34
2.8.1 基本方程和等效电路 ····························· 35
2.8.2 电路仿真模型 ································· 38
2.9 本章小结 ··································· 43

第3章 交直流同时突然短路过渡过程分析 ············· 46
3.1 引言 ····································· 46
3.2 短路后的基本方程 ······························ 47
3.2.1 稳态空载运行 ································· 47
3.2.2 突然短路后的基本方程 ···························· 47
3.3 定转子短路时间常数 ······························ 48
3.3.1 特征方程 ··································· 48
3.3.2 定子时间常数 ································· 50
3.3.3 转子时间常数 ································· 51
3.4 短路电流 ··································· 52
3.4.1 短路电流的运算表达式 ···························· 52
3.4.2 运算式的展开 ································· 54
3.4.3 短路电流表达式 ································ 55
3.5 线路电阻对短路电流的影响 ························· 64
3.5.1 交流侧线路电阻的影响 ···························· 64
3.5.2 直流侧线路电阻的影响 ···························· 66
3.5.3 线路电阻对交直流同时短路电流影响的仿真研究 ·············· 68
3.6 交直流同时短路电流与交流、直流单独短路电流的关系 ········· 70
3.6.1 交流侧短路电流关系 ····························· 70
3.6.2 直流侧短路电流关系 ····························· 71
3.7 交直流同时突然短路的电磁转矩 ····················· 73

3.7.1　交变转矩　…………………………………………… 74

3.7.2　平均转矩　…………………………………………… 75

3.7.3　总电磁转矩　………………………………………… 77

3.7.4　最大转矩估算　……………………………………… 77

3.8　突然短路工况下的仿真与试验　………………………… 79

3.8.1　交流三相突然短路的仿真与试验研究　…………… 79

3.8.2　直流侧突然短路仿真与试验研究　………………… 81

3.8.3　交直流同时突然短路仿真与试验研究　…………… 83

3.8.4　电磁转矩的仿真与试验　…………………………… 87

3.9　本章小结　………………………………………………… 90

第4章　交流侧带负载时直流侧突然短路过渡过程分析 ……… 92

4.1　短路前稳态运行　………………………………………… 92

4.1.1　负载方程　…………………………………………… 92

4.1.2　交流绕组稳态电流　………………………………… 92

4.1.3　整流绕组稳态电压　………………………………… 93

4.1.4　矢量图　……………………………………………… 93

4.2　直流侧短路后的基本方程　……………………………… 94

4.3　定转子短路时间常数　…………………………………… 95

4.3.1　特征方程　…………………………………………… 95

4.3.2　定子时间常数　……………………………………… 97

4.3.3　转子时间常数　……………………………………… 99

4.4　短路电流　………………………………………………… 99

4.4.1　短路电流变化量的运算表达式　…………………… 99

4.4.2　d、q 轴短路电流变化量的展开式 ………………… 100

4.4.3　abc 坐标系短路电流　……………………………… 101

4.4.4　交流侧电压的变化　………………………………… 104

4.4.5　整流绕组交流侧短路电流近似式　………………… 106

4.4.6　直流侧最大短路电流　……………………………… 106

4.5　电磁转矩　………………………………………………… 107

4.5.1　交变转矩　…………………………………………… 107

4.5.2　平均转矩　…………………………………………… 108

4.5.3　总电磁转矩　………………………………………… 109

4.6　仿真与试验验证　………………………………………… 110

　　4.6.1　短路电流 ·· 110

　　4.6.2　电磁转矩 ·· 111

　4.7　交流负载对短路电流的影响 ································ 113

　　4.7.1　负载大小对短路电流的影响 ························ 114

　　4.7.2　负载功率因数对短路电流的影响 ·················· 115

　　4.7.3　与空载短路的比较 ···································· 117

　4.8　本章小结 ··· 118

第5章　直流侧带负载时交流侧突然短路的过渡过程分析 ··· 120

　5.1　对称短路 ··· 120

　5.2　不对称短路 ·· 121

　5.3　说明 ··· 122

第6章　短路电流和电磁转矩综合分析 ······················ 126

　6.1　等互感与不等互感模型对短路电流的影响 ············· 126

　　6.1.1　对交流侧和直流侧电流的影响 ····················· 126

　　6.1.2　对整流绕组交流侧电流的影响 ····················· 129

　6.2　典型双绕组发电机额定电压下突然短路冲击电流比较 ·· 130

　6.3　典型双绕组发电机额定电压下突然短路冲击转矩比较 ·· 133

　6.4　本章小结 ·· 136

附录 ·· 139

　附录 A　样机的主要参数 ·· 139

　附录 B　运算式展开及短路电流计算 ·························· 140

　参考文献 ·· 148

符 号 表

A，B，C——三相交流绕组

G_A（p）——d 轴运算电导

fd——3/12 相发电机励磁绕组

fq——3/12 相发电机转子 q 轴绕组

I_{Nm}——交流绕组相电流幅值

i_d、i_q——整流绕组各 Y 绕组在 dq 坐标系中的平均电流

i_{dA}、i_{qA}——交流绕组在 dq 坐标系中的平均电流

i_{da}——整流绕组折算到交流绕组后，整流绕组 d 轴电流

i_{qa}——整流绕组折算到交流绕组后，整流绕组 q 轴电流

i_{de}——整流绕组等效后，发电机定子 d 轴电流

i_{qe}——整流绕组等效后，发电机定子 q 轴电流

kd——3/12 相发电机直轴阻尼绕组

kq——3/12 相发电机交轴阻尼绕组

k_{wA}——交流绕组的绕组系数

k_{wy}——整流绕组单 Y 每相绕组系数

l——电枢有效长度

p——极对数

r_A——交流绕组相电阻

r_a——整流绕组折算到交流绕组后，整流绕组电阻

r_y——整流绕组单 Y 绕组相电阻

U_{Nm}——交流绕组相电压幅值

u_{da}——整流绕组折算到交流绕组后，整流绕组 d 轴电压

u_{qa}——整流绕组折算到交流绕组后，整流绕组 q 轴电压

u_{de}——整流绕组等效后，发电机定子 d 轴电压

u_{qe}——整流绕组等效后，发电机定子 q 轴电压

W_A——交流绕组串联匝数

W_y——整流绕组单 Y 每相串联匝数

x_{Aad}——整流绕组单 Y 与交流绕组间 d 轴电枢反应互感抗

x_{Aaq}——整流绕组单 Y 与交流绕组间 q 轴电枢反应互感抗

x_{Ad}——交流绕组 d 轴电枢反应感抗

x_{Aq}——交流绕组 q 轴电枢反应感抗

x_{ad}——整流绕组单 Y 的 d 轴电枢反应感抗

x_{aq}——整流绕组单 Y 的 q 轴电枢反应感抗

x_d——整流绕组综合 d 轴感抗

$x_{dA}(p)$、$x_{qA}(p)$——交流绕组 d、q 轴运算电抗

x_{da}——整流绕组折算到交流绕组后，整流绕组 d 轴感抗

$x_{da}(p)$、$x_{qa}(p)$——经等效、折算后的整流绕组 d、q 轴运算电抗

x_{de}——整流绕组等效后，发电机定子 d 轴感抗

$x_{dM}(p)$、$x_{qM}(p)$——等效三相发电机 d、q 轴运算电抗

x_{dmAa}——整流绕组折算到交流绕组后，整流绕组与交流绕组 d 轴互感抗

x_{dmAe}——整流绕组等效后，发电机定子交流绕组与整流绕组 d 轴互感抗

x_{dmAy}——整流绕组与交流绕组 d 轴平均互感抗

x_{dmy}——整流绕组中两 Y 绕组 d 轴平均互感抗

x_{efd}——整流绕组折算到交流绕组后，整流绕组与转子励磁绕组的互感抗

x_{efq}——整流绕组折算到交流绕组后，整流绕组与转子 q 轴绕组的互感抗

x_{ekd}——整流绕组折算到交流绕组后，整流绕组与转子 d 轴阻尼绕组的互感抗

x_{ekq}——整流绕组折算到交流绕组后，整流绕组与转子 q 轴阻尼绕组的互感抗

x_l——整流绕组综合漏感抗

x_{lA}——交流绕组自漏感抗

x_{lm1}、x_{lm2}——分别为整流绕组中相差 15°和 45°、30°的两 Y 绕组互漏感抗

x_{lmAyj}——整流绕组 Y_j 绕组与交流绕组间互漏感抗（$j = \overline{1,4}$）

x_{lmAy}——整流绕组与交流绕组平均互漏感抗

x_{lmy}——整流绕组中两 Y 绕组平均互漏感抗

x_{ly}——整流绕组单 Y 自漏感抗

x_q——整流绕组综合 q 轴感抗

x_{qa}——整流绕组折算到交流绕组后，整流绕组 q 轴感抗

x_{qe}——整流绕组等效后，发电机定子 q 轴感抗

x_{qmAa}——整流绕组折算到交流绕组后，整流绕组与交流绕组 q 轴互感抗

x_{qmAe}——整流绕组等效后，发电机定子交流绕组与整流绕组

q 轴互感抗

x_{qmAy}——整流绕组与交流绕组 q 轴平均互感抗

x_{qmy}——整流绕组中两 Y 绕组 q 轴平均互感抗

$Y_j(a_j、b_j、c_j)$，$j = \overline{1,4}$——十二相直流绕组（整流绕组）

$\psi_d、\psi_q$——整流绕组各 Y 绕组在 dq 坐标系中的平均磁链

$\psi_{dA}、\psi_{qA}$——交流绕组在 dq 坐标系中的平均磁链

ψ_{da}——整流绕组折算到交流绕组后，整流绕组 d 轴磁链

ψ_{qa}——整流绕组折算到交流绕组后，整流绕组 q 轴磁链

ψ_{de}——整流绕组等效后，发电机定子 d 轴磁链

ψ_{qe}——整流绕组等效后，发电机定子 q 轴磁链

Δx_{la1}——整流绕组净漏抗

Δx_{lA1}——交流绕组净漏抗

τ——电机极距

λ_{ad}——d 轴磁路磁导系数

Ω_b——机械角速度基值

ω_b——电角速度基值

第1章 绪　　论

1.1　双绕组发电机产生背景和意义

在舰船、飞机、移动通信站、石油钻井平台等独立系统中，往往同时需要高品质的交流电源和直流电源，这可通过三种方案来解决[1-3]：一是由两台发电机分别提供交流电和直流电；二是由交流发电机提供总电源（交流电），经变压器配合整流桥提供直流电，从而实现同时带交、直流负载；三是由一台具有两套绕组的交流同步发电机提供交、直流电源，其中一套绕组直接输出交流电，另一套绕组接至整流桥整流后输出直流电。

对上述三种方案进行比较。

方案一：电磁兼容（EMC）性能好且技术成熟，但具有成本高、体积重量大、效率低、经济性差和直流电机运行可靠性低、维护困难等一系列缺点，在体积、重量有严格限制的舰船、飞机和移动通信站等系统中尤其难以采用。

方案二：由于周期性重复的换相过程导致交、直流负载联接处的电压波形畸变，在电机转子的励磁绕组和阻尼绕组中引起感应电动势与感生电流，致使发电机产生附加损耗和转矩振动，温升提高，效率降低，交流供电品质下降。同时由于一般整流输出的直流电压脉动系数较大，造成输出电流脉动过大，将产生严重的电磁干扰，影响周围计算机与通信设备的正常工作。为了解决上述问题，可以在交流电网上增设一系列针对不同频率的滤波器，在直流侧增设平波电抗器，或者在整流装置前接入用以增加相数的变压器。因为滤波器、平波电抗器和变压器的体积重量都很可观，这些技术措施仅仅适用于静止变流器功率不大或体积重量限制不严的场合。

方案三：1973 年，美国学者 Paul W. Franklin 提出了一种定子上有两套三相绕组的电机[1]，其中一套绕组给交流负载供电，另一套绕组经三相桥式整流器给直流负载供电。这一方案引起了不少学者的关注[2]，但由于采用三相桥式整流，直流侧输出电压脉动过大，整流绕组电流换相对交流绕组输出电压波形仍然有较大影响，所以该方案未能解决两套绕组相互影响过大及由此产生的电磁干扰等问题。

为了解决上述问题，中国人民解放军海军工程大学马伟明院士提出了一种将三相交流绕组和多相（如六相、九相、十二相）整流绕组放在同一个定子上，使一台发电机能同时输出三相交流电和直流电（整流后）的方案，称之为双绕组交直流发电机系统（简称为双绕组发电机）[4]。双绕组发电机的体积重量比用两台发电机组要减小 40% 以上，无需增加辅助设备就能同时提供高品质、大功率的交流电和直流电，具有系统构成简单、设备制造成本低、可靠性高、经济性好等一系列突出优点[3-6]；该系统将电力电子变流装置同发电机集于一体，将直流供电系统从电路上与交流供电系统隔离开来，仅保留磁的耦合，只要合理控制两套绕组磁场耦合的强弱，即通过合理选择发电机两套绕组的参数，就能获得优良的交直流供电品质和电磁兼容性能；整流绕组采用十二相供电，输出脉动小（小于 1%），大大降低了整流电流换相对交流电压波形畸变的不良影响，有效地减小了三相交流电网的电压畸变率，改善了交流电网电磁兼容的性能[5]。由此可见，双绕组发电机很好地满足了移动系统对电源品质、体积和重量的严格要求，而且可显著降低成本，随着综合全电力系统的大力发展，其必将在舰船、飞机、移动通信站和石油钻井平台等系统中获得越来越广泛的应用。

图 1-1 所示为 3/12 相双绕组发电机电路原理图。

双绕组发电机作为一种全新的独立供电系统，目前尚有许多理论和实际问题需要深入的研究，如其动态性能（突然短路等）、运行稳定性、参数计算等。其中，突然短路工况的研究，对该类电机及其保护装置的设计、制造具有重大的指导意义。

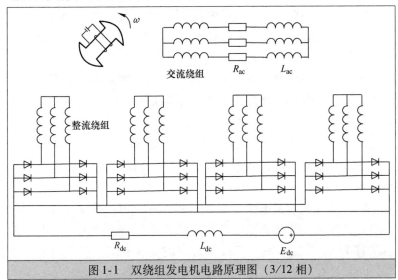

图 1-1 双绕组发电机电路原理图（3/12 相）

普通三相电机的突然短路，会引起很大的冲击电流和冲击转矩，其最大冲击电流可达额定值的 20 倍左右，电磁转矩可达额定转矩的 7 倍左右，严重危及电机的绕组、主轴、基座和螺钉[7-9]。通过对三相电机突然短路的研究，掌握该工况下各种极限参数，可以合理地设计和制造三相电机及其控制保护设备。

与之类似，对双绕组发电机短路后的各种极限参数展开研究，可以确定发生短路后的最大冲击电流、最大冲击转矩及其到达的时刻，为该类电机及其保护装置的进一步优化设计提供理论依据，这对于双绕组发电机的应用和发展具有重要意义。此外，研究双绕组发电机的突然短路，可深入揭示其内部的电磁耦合关系，对分析该类电机的其他性能也具有指导意义。

1.2 国内外研究现状及存在问题

1.2.1 多相电机及发电机整流系统研究

1. 六相同步发电机

20 世纪 70 年代，大型发电机组的发展受到两个因素的制约：

限制故障电流的电抗器体积太大、断路器分断容量有限。六相双 Y 绕组发电机的出现突破了这些制约[10]，特别是两套绕组互移 30° 电角度时，杂散损耗和转矩振动可大大降低[2]。由于六相同步发电机带整流负载时，有较高的效率、较低的温升、较小的波形畸变和较长的使用寿命，较普通三相发电机带整流桥性能优越[11]，因此引起了国内学者的广泛关注，并在发电机的突然短路电流与电磁转矩计算[12-13]、不对称短路与对称短路工况[14-17]、电机等效电路及其参数确定[18]等方面进行了大量工作。虽然这些研究采用的是理想电机模型，未考虑电机内部磁场饱和与谐波影响，但其思路可为其他多相电机的研究提供一定参考。

2. 十二相同步发电机

为了进一步提高整流质量和电机的有效材料利用率，十二相四 Y 移 15°绕组同步发电机被付诸应用。由于该系统采用多相整流，因此具有以下突出优点：直流电压纹波系数大大减小；发电机转子表面损耗、电机的电磁振动与噪声干扰等得到降低；在相同几何尺寸与有效材料消耗下，十二相发电机比三相发电机输出功率提高 7.87%[19]。基于以上特点，国内学者对十二相发电机展开了系统研究，华中科技大学李朗如教授论述了该类电机的基本原理和特点，分析了电枢磁势的特征以及带桥式整流输出的整流特性[19]；马伟明院士建立了该类电机的数学模型，给出了描述该类电机行为的最小参数集及其测量方法，并用谐波平衡法分析了该类电机突然不对称短路[20]及带整流桥时直流侧突然短路过程[21]；海军工程大学张晓锋教授建立了该类电机带整流负载的电路模型，并应用该模型分析了十二相同步发电机整流系统的运行稳定性。对 3/12 相双绕组发电机的研究来说，上述文献具有重要参考价值，许多结论可以直接应用，例如分析双绕组发电机直流侧突然短路时，就可将直流侧突然短路等效为其交流侧所有相对称突然短路[21]。

3. 整流系统

多相电机整流系统可以突破半导体器件的电流限制，得到大功率直流驱动电源。前期研究主要集中于稳态分析[1, 2, 19, 22]，电机侧作适当的简化，根据桥式整流原理得到系统的输入输出关系。后续研究内容逐渐丰富，包括：分别对带阻尼绕组的凸极同步电机、无阻尼绕组和带阻尼绕组的隐极同步电机带整流负载及其工作在不同模式下的特性进行分析[23-26]，其基本思路是忽略电阻的作用，转子绕组磁链在换相期间守恒，由导通与换相间的边界条件导出换相延迟角、换相角、换相电流、励磁绕组和阻尼绕组电流等表达式，且认为换相电抗与交直轴超瞬变电抗等效；根据同步发电机整流系统换相时的等效电路，利用同步发电机整流系统非对称突然短路电流的计算结果，求出六相、十二相同步发电机整流系统的等效换相电抗[27-28]；对六相双 Y 电机带整流负载时的特性进行了深入分析[29-30]。此外，还有文献对交直流系统的控制系统设计、系统动态行为和稳定性问题进行了系统分析[20, 31-40]，特别是利用线性化模型得到同步发电机整流系统稳定判据、运行稳定性计算方法以及系统稳定性机理的研究[20, 31]，对交直流双绕组发电机的动态分析和稳定性分析具有重要的参考价值。

4. 交直流混合供电系统中谐波畸变问题

同步发电机带整流负载时，由于换相的存在使得电压波形出现缺口，引起畸变，导致在交流系统中产生较严重的谐波电流和谐波电压。谐波电流将引起附加铜耗，定、转子的谐波电流相互作用还将引起转矩脉动[41]。特别是当发电机同时带整流和交流负载时，整流负载由于电流换相会使交流电网电压波形畸变，影响交流负载的正常工作，并产生严重的电磁干扰，降低系统电磁兼容性能。有学者对 $x_d'' = x_q''$ 的三相同步发电机直接整流或经变压器整流时的交流侧电压波形做了傅里叶级数分解，对电压波形畸变率的计算公式及其影响因素进行了推导和分析[42]；有学者对于减小交流电压的谐波和直流电压纹波系数进行了研究[43-49]；还有学者建立了双绕组交直流发电机系统的多回路仿真模型，对该系统的交流绕组线电压波形畸变率进行了仿真，指出影响电能质量的主要原因和改进措施[6]。以上文献对研究交直流系统的谐波、电磁兼容有重要参考价值。

5. 仿真研究

得益于计算机技术的发展、仿真模型和算法的改进，电机分析、控制系统设计和电力电子装置分析在仿真研究上不断进步，取得了诸多成果。随着专业软件的日益完善，仿真研究越来越成为研究电机与电力电子系统的一个重要手段。

在仿真研究中，同步电机数学模型主要有：理想电机模型、多回路模型以及电磁场模型等。这其中理想电机模型应用最为普遍[36-40, 50-59]，该方法的优点是计算简单，模型结果误差在工程允许范围内，但难以考虑磁路饱和、磁场谐波等因素；多回路模型将电机看作具有相对运动的多个回路组成的电路[6, 60-62]，特别适用于分析电机绕组的内部故障，但准确确定各回路参数较为困难且难以考虑磁路饱和；电磁场模型[3, 63]是理论上最准确的分析方法，它不仅可以考虑气隙磁场的谐波，而且可以考虑饱和的影响，但这种方法只适用于计算机仿真，无法得出解析解，如果完全按电机电磁场的实际情况进行仿真，计算量太大，现有计算机的运算速度还难以适应。

整流桥的仿真主要有以下几种方法：模式分类法、简化模型法、电路模型法。模式分类法[50-52, 55-56, 64-66]是利用枚举的方法将各种可能的情况（模式）列出，对每一种模式均列写方程，再确定各种可能状态之间的转换与约束条件，由于多相整流桥随负载电流的变化可能出现多种模式，因此采用模式分类法分析该问题工作量相当大，有时甚至很困难[3]；简化模型法是根据整流桥工作原理经简化直接得到各物理量的表达式[1, 23-26]，采用平均值模型[67-70]或将整流桥等效为三相对称瞬变阻抗[71]，从而使系统得到简化，但该方法的前提条件忽略了磁路饱和的影响，且只考虑空间基波磁场的作用；电路模型法[72-75]通常是采用理想电机模型，建立相应的等效电路，然后直接利用仿真软件（如 PSPICE、Simulink 等）提供的元件模型对整流桥进行仿真，具有准确、方便、灵活的优点，但速度较慢。综合这三种方法，电路模型法所得仿真波形与实测波形相当接近，体现了专业仿真软件的优越性。这也说明，用专业仿真软件代替科研人员自己编写程序已经成为一种必然趋势。

1.2.2 双绕组发电机研究

1. 稳态运行

由于技术保密等的原因，国外关于双绕组发电机的参考文献很少，研究对象均为3/3相双绕组交直流发电机，研究内容也仅是利用计算机仿真对系统稳态运行状况进行分析，包括双绕组发电机的基本方程、稳态输出电流电压和转矩波形、电感矩阵计算[2]、三相整流桥特点、整流绕组换向起止时间、换向电流、阻尼和励磁绕组电流[1]等，对动态过程的分析涉及很少。

2. 数学模型

目前双绕组发电机的数学模型主要有如下三种。

第一种是传统的 $dq0$ 坐标系统数学模型（理想电机模型），这种模型的优点是参数物理意义明确，便于进行解析分析，但由于只考虑气隙磁场的基波分量，而把谐波分量以差漏抗的形式进行近似，且未考虑饱和的影响，因此存在一定的误差。这种误差对普通三相电机来说并不大，属于工程允许的范围，而对多相电机来讲，从十二相电机分析结果上看[21]，该误差也在工程允许范围内，所以用 $dq0$ 坐标系统的数学模型来分析双绕组发电机应该可行。参考文献［5-6］各自建立了 $dq0$ 坐标系统的数学模型，参考文献［5］严格按照电机内各绕组的耦合情况建立了 $dq0$ 坐标系统的模型，但是没有利用两套绕组间的耦合关系简化模型，所得模型虽然准确但比较复杂，难以应用；参考文献［6］通过考虑耦合和对漏抗进行一定的近似，建立了 $dq0$ 坐标系统的简明模型，由于动态过程与漏抗关系密切（如短路电流大小主要取决于漏抗），用该模型分析突然短路会带来较大的误差，但分析稳态情况应该比较准确。

第二种模型是基于多回路理论进行计算的模型[6]，第三种模型是用电机电磁场理论建立的模型[3]。这两种模型前面已做了介绍，此处不再赘述。

3. 参数测量

利用 $dq0$ 坐标系统数学模型，可以得到双绕组发电机稳态参数和瞬变参数的多种测量方法[5]，这为双绕组发电机的分析和研究提供了必要的基础；与之类似，采用多回路和电磁场计算的方法，也可对电机参数进行测量[3,6]。此外，随着计算机技术和现代控制理论的发展，系统参数辨识理论和方法也迅速扩展[77-79]，它不仅可以从理论上重新认识同步电机的数学模型及参数问题，也为同步电机参数测量时的数据处理提供了许多可供选择的计算方法与计算技巧。

4. 运行稳定性

双绕组发电机是普通三相同步发电机和同步发电机整流系统相结合的产物，因此双绕组发电机既有与普通三相同步发电机和同步发电机整流系统一样的运行工况和稳定性问题，又有其自身特点，是一个有待深入研究的领域。有学者采用理论分析、数字仿真、实际试验等多种手段对 3/12 相同步发电机整流系统的运行稳定性进行了全面研究[20,31,36-40,80]，揭示了该类系统运行不稳定的机理，提出了参数匹配、交轴稳定绕组、稳定控制装置等使同步发电机整流系统稳定运行的方法。

5. 突然短路

同系统运行稳定性一样，双绕组发电机既有与普通三相同步发电机和同步发电机整流系统一样的运行工况和突然短路问题，又有其自身特点。但目前关于双绕组发电机突然短路研究的文献很少，因此迫切需要对此进行深入的研究。

1.2.3 双绕组发电机突然短路研究

1. 一般同步发电机和同步发电机整流系统突然短路研究

对三相同步发电机的各种对称和不对称突然短路分析，早已有非常成熟的理论。很多文献采用解析分析、数字仿真等多种手段对三相同步发电机的对称和各种不对称突然短路进行了全面研究[7-9, 62, 81-92]，揭示了突然短路过渡过程的物理机理，得到了短路后的最大冲击电流、最大冲击转矩及其到达时刻，为该类电机及其保护装置的优化设计提供了理论基础。

对多相同步发电机突然短路的分析，也有比较成熟的理论。参考文献［13-16］系统深入地研究了六相电机的各种不对称和对称短路；参考文献［20］用谐波平衡法系统分析了十二相4Y移15°同步发电机的各种不对称突然短路；参考文献［21］从理论上证明了同步发电机整流系统直流侧突然短路可等效为其交流侧对称突然短路，从而可以用一般同步发电机突然短路的分析方法研究整流系统直流侧突然短路，这为分析同步发电机整流系统直流侧突然短路铺平了道路。

以上文献所用的模型仍然是 R. H. Park 提出的"理想电机"模型，所用方法大都是从三相电机的分析方法引申而来，结果表明：Park 理想电机模型，在多相电机的研究中仍然很有效。

2. 双绕组发电机系统突然短路研究

3/12 相双绕组发电机既有与一般三相同步发电机和同步发电机整流系统一样的突然短路情况，又有它特有的突然短路情况；双绕组发电机交流侧或直流侧单独短路，与一般三相同步发电机和同步发电机整流系统突然短路一样，其分析方法当然也完全相同；双绕组发电机特有的短路情况主要有：交流侧和直流侧同时突然短路、交流侧带负载时直流侧突然短路、直流侧带负载时交流侧突然短路（包括对称和不对称短路）等。其中，交流侧和直流侧同时突然短路是双绕组发电机的一种典型的故障工况，其地位与普通发电机三相对称突然短路的地位相当，研究这种突然短路工况，可以深入揭示电机内部各绕组间的电磁耦合关系，对双绕组发电机其他性能的研究具有指导意义，是一个非常值得深入研究的课题。

对双绕组发电机特有的突然短路的研究，目前的文献还很少。参考文献［93］初步研究了交直流侧同时发生突然短路时的冲击电流和冲击转矩，但未对其进行系统深入的理论分析、仿真计算和试验研究；参考文献［94］用谐波平衡法分析了双绕组发电机两套绕组的突然不对称短路；参考文献［95 - 96］通过考虑两套绕组间的耦合简化了 3/3 相双绕组发电机的数学模型，并对 3/3 相双绕组发电机带交流负载时直流侧突然短路电流进行了分析，其方法可进一步引申到 3/12 相双绕组发电机的分析中来。

参考文献［6］对 3/12 相双绕组发电机的交流侧带负载直流侧突然短路进行了分析（用解析、仿真和试验的方法），其多回路法仿真分析的误差很小，而解析分析的误差略大（最大误差约 18%）。究其原因，解析法在建立电机 $dq0$ 模型时，利用交流绕组电抗参数表示整流绕组各相应参数（电抗与绕组有效匝数二次方成正比），将整流绕组各电磁量折合到交流绕组，并假设两相绕组之间的互漏抗与自漏抗相等，使得各运算电抗 $x_{dy}(p)$、$x_{dm}(p)$ 等完全相同，这样处理虽然简化了模型，但会带来一些误差，而且使参数的物理意义不明确，因此这种模型用来分析双绕组发电机的稳态性能是准确的，但不适用于分析电机的突然短路。对电机的突然短路来说，决定最大短路电流数值的主要因素是超瞬变电抗等参数，而超瞬变电抗主要是由漏抗所决定，也就是说短路电流的大小主要取决于漏抗，所以参考文献［6］对漏抗的近似处理直接导致了短路电流的误差。此外，参考文献［6］没有对极其重要的物理量——电磁转矩进行分析，并且只解出了一个定子时间常数（实际上双绕组发电机有两个不同的定子时间常数 T_{a1} 和 T_{a2}）。

3. 双绕组发电机突然短路的研究方法

双绕组发电机，由于两套绕组之间的相互耦合，电磁关系变得相当复杂，分析其性能时需要特别处理两套绕组之间的耦合关系，并进行适当的简化。通常的研究方法如下。

（1）解析法

解析法是传统的电机分析方法，用解析法来研究双绕组发电机时，首先需要建立其 $dq0$ 坐标系统的数学模型（电压、磁链方程等），再根据端点条件，列写相应微分方程，运用海维塞德运算微积法，解出有关电磁量（如电流、电压、磁链和转矩等）的解析表达式。该方法的特点是物理概念清晰，易于获得规律性认识，但求解过程比较复杂。常用的方法有三要素法和谐波平衡法。

（2）仿真法

仿真法是通过建立适当的仿真模型（如 abc 或 $dq0$ 坐标系统模型，多回路系统模型或电机电磁场模型等），对各种具体的运行情况进行仿真计算，以得出此时电磁量（电流、磁链和转矩等）的波形。该方法的优点是可以根据研究需要任意改变系统参数，从而克服理论分析和模拟试验的某些局限性，灵活方便，准确度高；缺点是不易获得规律性认识，物理概念不明确。随着计算机技术和专业仿真软件的不断发展，仿真法越来越成为研究同步发电机整流器系统的重要方法，尤其是对于双绕组发电机，两套绕组之间相互耦合，电磁关系变得更加复杂，解析分析越来越困难，在这种情况下，仿真法将成为一种重要的研究方法。

（3）试验法

试验法用于验证解析分析和数字仿真的正确性，并对理论分析起指导作用，是必不可少的一种具有基础性的研究方法。无论用何种方法进行研究，都必须经过试验检验。

在实际研究中，上述三种方法应当有机地结合起来，互相补充，互相验证，从而确保研究工作的顺利进行。本书将采用上述三种方法，对双绕组发电机的主要突然短路情况进行系统的分析。

另外，单纯的三相和十二相电机突然短路的分析方法已经相当成熟，研究双绕组电机突然短路时应充分借鉴，例如直流侧短路的分析可等效为交流侧对称短路[21]。

1.3 本书主要内容

本书结合双绕组发电机的特点和工程需要，系统深入地研究并简化了双绕组发电机的数学模型，得出了适用于解析分析和电路模型仿真的基本方程和等效电路；在此基础上，用解析、仿真和试验的方法系统研究了双绕组发电机的交直流侧同时突然短路和交流侧带负载时直流侧突然短路两种工况。

需要说明一点，本书所说的交流侧和直流侧含义为：交流侧（或交流绕组）是指 3/12 相双绕组发电机的三相交流绕组；直流侧是指 3/12 相双绕组发电机十二相绕组整流桥后的直流侧；如果要说 3/12 相双绕组发电机十二相交流绕组，则指整流绕组前的交流侧。

本书具体内容如下：

1）在参考文献［5，20，97］的基础上，引入适当的假设条件（整流绕组各 Y 之间以及整流绕组各 Y 绕组与交流绕组之间互感相等），减少了双绕组发电机数学模型的参数，从而简化了基本方程；通过深入揭示双绕组发电机定、转子各个回路间的耦合关系，导出了有关参数的相互关系式；通过将十二相绕组等效为一个三相 Y 绕组，并将其折算到三相交流绕组，导出了简明的基本方程和详细的等效电路；在此基础上，阐明了普通三相电机与双绕组发电机的内在联系，使三相发电机的有关分析方法可以引申到双绕组发电机的分析中来，从而为研究双绕组发电机奠定理论基础。

2）应用建立的简化数学模型，采用解析法研究了 3/12 相双绕组发电机交直流侧同时突然短路的过渡过程，给出了时间常数、交流侧和整流绕组交流侧短路电流的完整表达式以及直流侧最大短路电流的计算公式；通过适当的近似，进一步给出适合工程应用的近似和简明的交流侧短路电流表达式以及直流侧最大短路电流的估算公式，并详细研究了线路电阻对短路电流的影响；分析研究了交、直流单独突然短路电流与交直流同时突然短路电流的关系；通过工程样机和模拟样机实机试验检验了理论分析的准确性。

3）用解析的方法分析了交流带负载时直流侧空载突然短路的短路电流，给出了交流带负载时直流侧的空载电压及稳态运行相量图（短路前）、给出了时间常数、交流侧和整流绕组交流侧短路电流的完整表达式以及直流侧最大短路电流的计算公式；通过适当的近似，进一步给出适合工程应用的整流绕组交流侧短路电流近似表达式以及直流侧最大短路电流的估算公式；分析了交流负载对直流侧短路电流的影响；证明了单纯直流侧短路电流的计算公式仅是本书所得交流带负载时直流侧突然短路电流计算公式的一个特例；通过试验检验了理论分析的准确性。

4）根据双绕组发电机与普通三相电机的内在联系，参考普通三相电机突然短路电磁转矩的研究方法，导出了双绕组发电机交、直流同时突然短路和交流侧带负载时直流侧空载突然短路的交变转矩、平均转矩及总转矩的简明解析表达式。

5）建立了双绕组发电机系统的一般电路仿真模型（不采用引入假设条件的模型），并通过试验和仿真验证了其准确性。用该模型仿真研究了交、直流同时突然短路，交流侧带负载时直流侧空载突然短路和直流侧带负载时交流侧突然短路的短路电流和电磁转矩，进一步说明了解析分析的准确性和电路模型仿真的优越性；通过仿真检验了本书所引入的两个假设对短路电流和电磁转矩的影响，从而说明了两个假设条件的合理性与局限性。

6）给出典型双绕组发电机额定电压下的各种突然短路极限值及其相互关系，为双绕组发电机及其保护装置的优化设计提供理论依据。

第2章　基本电磁关系和电路模型

本章通过引入适当的假设条件，减少了双绕组发电机数学模型参数，简化了电机基本方程；深入揭示了双绕组发电机定、转子各个回路间的耦合关系，导出了相关参数关系式；将十二相绕组等效为一个三相Y绕组，折算到三相交流绕组，得到了双绕组发电机简明基本方程和详细等效电路，并阐明了其与普通三相同步发电机的内在联系，从而为分析双绕组发电机各种运行工况，尤其是突然短路，奠定了理论基础。

2.1　概述

2.1.1　结构特点

3/12相双绕组交直流发电机系统，是一种典型的独立供电系统，其定子上布置有两套绕组：一套是三相交流绕组，输出三相交流电，称之为交流绕组（用 A、B、C 表示）；另一套是十二相4Y移15°绕组，经桥式整流后输出直流电，称之为直流绕组或整流绕组（用 a_j、b_j、c_j, $j = \overline{1,4}$ 分别表示其四个三相绕组）。两套绕组共用一个转子。

图2-1表示定子相轴和转子轴线相对位置，其中，α 表示三相交流绕组 A 相轴线与整流绕组 a_1 相轴线的夹角。

转子上除了布置有与普通三相交流电机一样的励磁绕组（fd）、直轴阻尼绕组（kd）、交轴阻尼绕组（kq）之外，还有一套 q 轴绕组（fq）用于改善系统的稳定性[4]。

2.1.2　基本假设

1）忽略空间谐波磁场的影响，即认为气隙磁场是按照正弦分布的。

2）忽略电机铁心的饱和、磁滞、涡流的影响，导线的趋肤效应也不考虑。

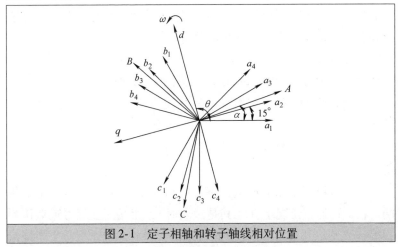

图 2-1　定子相轴和转子轴线相对位置

3）将同步电机转子上的阻尼回路看成两组等效的阻尼绕组，即直轴阻尼绕组和交轴阻尼绕组，且转子结构对直、交轴对称。

4）除特别注明外，各量均用标幺值（pu）表示，定子电压、电流取三相交流绕组额定相电压、相电流的幅值作为基值，功率和转矩基值见本章 2.7 节。

2.1.3　正方向选择

电压、电流正方向的选择为：定子电路按发电机惯例，转子电路按电动机惯例。

磁链的正方向选择为：正方向的定子电流产生负的磁链，正方向的转子电流产生正的磁链。

转子旋转方向和 dq 轴正方向选择为：转子旋转正方向为逆时针方向，q 轴正方向领先 d 轴正方向 90°电角度，如图 2-1 所示。

2.2　基本方程

在 3/12 相双绕组交直流发电机中，定子各相绕组之间、定子各相绕组与转子各绕组之间相互耦合，关系复杂。虽然可在 abc 和 $dq0$ 坐标系下建立完整的数学模型（磁链方程和电压方程）以准确描述该类电机电磁关系，但由于定子各相绕组间的互感不完全相同，使得该类模型参数多，电压和磁链方程的维数很高（消去转子的量后，磁链方程电感矩阵为 10 阶），因此利用该模型进行解析和仿真分析非常困难，需对该模型进行有效简化。

2.2.1　简化假设

为了减少模型参数，本书引入以下两个假设。

1）假定 3/12 相双绕组发电机整流绕组的四个 Y 绕组之间互感相等。

2）假定 3/12 相双绕组发电机整流绕组的每个 Y 绕组与交流绕组互感相等。

上述假设基于如下理由：整流绕组四个 Y 绕组的结构完全相同，在对称运行工况下（尤其是短路时），相互间互感可近似认为相等（互感取其平均值），由此带来的误差较小[20-21]；交流绕组与整流绕组各 Y 绕组间的互感虽然存在一定差异（主要是互漏抗不同）[5]，但总体上看，交流绕组与整流绕组间的耦合是交流绕组与整流绕组各 Y 绕组相互作用的综合，所以取两绕组间互感的平均值作为交流绕组与整流绕组每 Y 绕组间的互感（即交流绕组与整流绕组每 Y 绕组间的互感相同），对交流侧和直流侧电压、电流不会有大的影响。对于交流绕组与整流绕组各 Y 绕组之间以及整流绕组各 Y 绕组间互感不同的情况，本书将在后续章节进行介绍。

假设条件的引入，大大减少了基本方程内的参数数量，简化了数学模型，为双绕组发电机的解析分析提供了便利。而试验和仿真结果表明：引入的假设条件对直流侧和交流侧短路电流和电磁转矩所带来的误差很小，证明了该简化方法的可行性。

2.2.2　定子方程

3/12 相双绕组发电机无中线引出，故不考虑 0 轴分量。

1. 基本磁链方程

以 3/12 相双绕组发电机 $dq0$ 坐标系下的数学模型为基础[5]，增加转子的 q 绕组（用 fq 表示），略去 0 轴分量，即可推得 dq 坐标系下电机定子侧磁链方程。其中 d 轴磁链方程为

$$
\begin{cases}
\psi_{d1} = -x_{dy}i_{d1} - x_{dm1}i_{d2} - x_{dm2}i_{d3} - x_{dm1}i_{d4} - x_{dmAy1}i_{dA} + x_{afd}i_{fd} + x_{akd}i_{kd} \\
\psi_{d2} = -x_{dm1}i_{d1} - x_{dy}i_{d2} - x_{dm1}i_{d3} - x_{dm2}i_{d4} - x_{dmAy2}i_{dA} + x_{afd}i_{fd} + x_{akd}i_{kd} \\
\psi_{d3} = -x_{dm2}i_{d1} - x_{dm1}i_{d2} - x_{dy}i_{d3} - x_{dm1}i_{d4} - x_{dmAy3}i_{dA} + x_{afd}i_{fd} + x_{akd}i_{kd} \\
\psi_{d4} = -x_{dm1}i_{d1} - x_{dm2}i_{d2} - x_{dm1}i_{d3} - x_{dy}i_{d4} - x_{dmAy4}i_{dA} + x_{afd}i_{fd} + x_{akd}i_{kd} \\
\psi_{dA} = -x_{dA}i_{dA} - x_{dmAy1}i_{d1} - x_{dmAy2}i_{d2} - x_{dmAy3}i_{d3} - x_{dmAy4}i_{d4} + x_{Afd}i_{fd} + x_{Akd}i_{kd}
\end{cases}
$$

$$(2\text{-}1)$$

q 轴由于含有 fq 绕组，所以其磁链方程与 d 轴磁链方程形式完全相同，只要将式（2-1）中的 d 全部换为 q 即可：

$$
\begin{cases}
\psi_{q1} = -x_{qy}i_{q1} - x_{qm1}i_{q2} - x_{qm2}i_{q3} - x_{qm1}i_{q4} - x_{qmAy1}i_{qA} + x_{afq}i_{fq} + x_{akq}i_{kq} \\
\psi_{q2} = -x_{qm1}i_{q1} - x_{qy}i_{q2} - x_{qm1}i_{q3} - x_{qm2}i_{q4} - x_{qmAy2}i_{qA} + x_{afq}i_{fq} + x_{akq}i_{kq} \\
\psi_{q3} = -x_{qm2}i_{q1} - x_{qm1}i_{q2} - x_{qy}i_{q3} - x_{qm1}i_{q4} - x_{qmAy3}i_{qA} + x_{afq}i_{fq} + x_{akq}i_{kq} \\
\psi_{q4} = -x_{qm1}i_{q1} - x_{qm2}i_{q2} - x_{qm1}i_{q3} - x_{qy}i_{q4} - x_{qmAy4}i_{qA} + x_{afq}i_{fq} + x_{akq}i_{kq} \\
\psi_{qA} = -x_{qA}i_{qA} - x_{qmAy1}i_{q1} - x_{qmAy2}i_{q2} - x_{qmAy3}i_{q3} - x_{qmAy4}i_{q4} + x_{Afq}i_{fq} + x_{Akq}i_{kq}
\end{cases}
$$

$$(2\text{-}2)$$

式中，下标 1、2、3、4 表示整流绕组 Y_j（$j = \overline{1,4}$）；下标 A 表示交流绕组 Y_A。

各绕组的参数计算式为

$$
\begin{cases}
x_{dy} = x_{ly} + x_{ad}, \ x_{qy} = x_{ly} + x_{aq} \\[4pt]
x_{dm1} = x_{lm1} + x_{ad}, \ x_{dm2} = x_{lm2} + x_{ad} \\[4pt]
x_{qm1} = x_{lm1} + x_{aq}, \ x_{qm2} = x_{lm2} + x_{aq} \\[4pt]
x_{dmAy1} = x_{lmAy1} + x_{Aad}, \ x_{dmAy2} = x_{lmAy2} + x_{Aad} \\[4pt]
x_{dmAy3} = x_{lmAy3} + x_{Aad}, \ x_{dmAy4} = x_{lmAy4} + x_{Aad} \\[4pt]
x_{qmAy1} = x_{lmAy1} + x_{Aaq}, \ x_{qmAy2} = x_{lmAy2} + x_{Aaq} \\[4pt]
x_{qmAy3} = x_{lmAy3} + x_{Aaq}, \ x_{qmAy4} = x_{lmAy4} + x_{Aaq} \\[4pt]
x_{dA} = x_{lA} + x_{Ad}, \ x_{qA} = x_{lA} + x_{Aq}
\end{cases}
$$

$$(2\text{-}3)$$

相关参数意义简述如下：

x_{ly}——整流绕组单 Y 自漏电抗；

x_{lA}——交流绕组自漏电抗；

x_{lm1}、x_{lm2}——分别为整流绕组中相差 15°和 45°、30°的两 Y 绕组互漏电抗；

x_{lmAyj}——整流绕组 Y_j 绕组与交流绕组间互漏电抗（$j = \overline{1,4}$）；

x_{ad}——整流绕组单 Y 的 d 轴电枢反应电抗；

x_{Ad}——交流绕组 d 轴电枢反应电抗；

x_{Aad}——整流绕组单 Y 与交流绕组间 d 轴电枢反应互电抗。

q 轴参数的意义与 d 轴类似，不再赘述。

2. 简化磁链方程

根据假设条件，可将双绕组发电机模型参数进行近似：

$$\begin{cases} x_{dm1} = x_{dm2} = x_{dmy}, \ x_{dmAyj} = x_{dmAy} \\ x_{qm1} = x_{qm2} = x_{qmy}, \ x_{qmAyj} = x_{qmAy} \\ j = \overline{1,4} \end{cases} \tag{2-4}$$

即，$x_{lm1} = x_{lm2} = x_{lmy}$，$x_{lmAyj} = x_{lmAy}$（$j = \overline{1,4}$）。于是式(2-3)可简化为

$$\begin{cases} x_{dy} = x_{ly} + x_{ad}, & x_{qy} = x_{ly} + x_{aq} \\ x_{dmy} = x_{lmy} + x_{ad}, & x_{qmy} = x_{lmy} + x_{aq} \\ x_{dmAy} = x_{lmAy} + x_{Aad}, & x_{qmAy} = x_{lmAy} + x_{Aaq} \\ x_{dA} = x_{lA} + x_{Ad}, & x_{qA} = x_{lA} + x_{Aq} \end{cases} \tag{2-5}$$

式中　x_{dmy}、x_{dmAy}、x_{qmy}、x_{qmAy}——相应绕组的平均互电抗；

x_{lmy}、x_{lmAy}——相应绕组的平均互漏电抗。

经过近似简化处理，整流绕组 4 个 Y 绕组之间的互感以及整流绕组各 Y 绕组与交流绕组间的互感都相等。即在 abc 坐标系中，整流绕组各 Y 绕组的电磁量（电流、电压和磁链）大小相等、相位依次差15°；dq 坐标系下，整流绕组各 Y 绕组的电磁量相等。

$$\begin{cases} i_{d1} = i_{d2} = i_{d3} = i_{d4} = i_d \\ i_{q1} = i_{q2} = i_{q3} = i_{q4} = i_q \\ \psi_{d1} = \psi_{d2} = \psi_{d3} = \psi_{d4} = \psi_d \\ \psi_{q1} = \psi_{q2} = \psi_{q3} = \psi_{q4} = \psi_q \end{cases} \tag{2-6}$$

式中，i_d、i_q 和 ψ_d、ψ_q 表示整流绕组各 Y 绕组在 dq 坐标系中的平均电流和平均磁链。交流绕组在 dq 坐标系中的电流和磁链分别用 i_{dA}、i_{qA} 和 ψ_{dA}、ψ_{qA} 表示。根据式（2-1）、式（2-2）、式（2-4）可得简化后的磁链方程：

$$\begin{cases} \psi_d = -x_d i_d - x_{dmAy} i_{dA} + x_{afd} i_{fd} + x_{akd} i_{kd} \\ \psi_q = -x_q i_q - x_{qmAy} i_{qA} + x_{afq} i_{fq} + x_{akq} i_{kq} \\ \psi_{dA} = -x_{dA} i_{dA} - 4x_{dmAy} i_d + x_{Afd} i_{fd} + x_{Akd} i_{kd} \\ \psi_{qA} = -x_{qA} i_{qA} - 4x_{qmAy} i_q + x_{Afq} i_{fq} + x_{Akq} i_{kq} \end{cases} \tag{2-7}$$

这里，

$$\begin{cases} x_d = x_l + 4x_{ad}, & x_q = x_l + 4x_{aq}, & x_l = x_{ly} + 3x_{lmy} \\ x_{dA} = x_{lA} + x_{Ad}, & x_{qA} = x_{lA} + x_{Aq} \\ x_{dmAy} = x_{lmAy} + x_{Aad}, & x_{qmAy} = x_{lmAy} + x_{Aaq} \end{cases} \tag{2-8}$$

式中　x_d——整流绕组综合 d 轴电抗；

　　　x_q——整流绕组综合 q 轴电抗；

　　　x_l——整流绕组综合漏电抗。

3. 电压方程

同磁链方程的分析一样，可令 dq 坐标系下整流绕组各 Y 绕组的电压相等：

$$\begin{cases} u_{d1} = u_{d2} = u_{d3} = u_{d4} = u_d \\ u_{q1} = u_{q2} = u_{q3} = u_{q4} = u_q \end{cases} \tag{2-9}$$

式中，u_d、u_q 表示整流绕组各 Y 绕组在 dq 坐标系下的平均电压。

交流绕组在 dq 坐标系下的电压用 u_{dA}、u_{qA} 表示，则双绕组发电机定子侧的电压方程可写为

$$\begin{cases} u_d = p\psi_d - \omega\psi_q - r_y i_d \\ u_q = p\psi_q + \omega\psi_d - r_y i_q \\ u_{dA} = p\psi_{dA} - \omega\psi_{qA} - r_A i_{dA} \\ u_{qA} = p\psi_{qA} + \omega\psi_{dA} - r_A i_{qA} \end{cases} \tag{2-10}$$

式中　　r_y——整流绕组单 Y 绕组相电阻；

　　　　r_A——交流绕组相电阻。

2.2.3　转子方程

参照定子绕组分析方法，可依例写出双绕组电机转子侧的磁链和电压方程。

1. 磁链方程

双绕组发电机转子侧含励磁绕组和阻尼绕组，其 dq 坐标系下的磁链方程为

$$\begin{cases} \psi_{fd} = -4x_{afd}i_d - x_{Afd}i_{dA} + x_{fd}i_{fd} + x_{fkd}i_{kd} \\ \psi_{kd} = -4x_{akd}i_d - x_{Akd}i_{dA} + x_{fkd}i_{fd} + x_{kd}i_{kd} \\ \psi_{fq} = -4x_{afq}i_q - x_{Afq}i_{qA} + x_{fq}i_{fq} + x_{fkq}i_{kq} \\ \psi_{kq} = -4x_{akq}i_q - x_{Akq}i_{qA} + x_{fkq}i_{fq} + x_{kq}i_{kq} \end{cases} \tag{2-11}$$

2. 电压方程

dq 坐标系下，双绕组发电机转子侧电压方程为

$$\begin{cases} u_{fd} = p\psi_{fd} + r_{fd}i_{fd} \\ 0 = p\psi_{fq} + r_{fq}i_{fq} \\ 0 = p\psi_{kd} + r_{kd}i_{kd} \\ 0 = p\psi_{kq} + r_{kq}i_{kq} \end{cases} \tag{2-12}$$

2.3　耦合关系

本节通过深入揭示 3/12 相双绕组发电机定、转子绕组间的耦合关系，导出了相关参数的关系式，为基本方程的进一步简化奠定基础。

3/12 相双绕组发电机的定、转子绕组共同建立气隙磁场，并通过气隙磁场相互耦合，完成机电能量的转换。在 $dq0$ 坐标系下，

d（或 q）轴上的似（准）静止线圈 d_1、d_2、d_3、d_4、d_A 和 fd、kd（或 q_1、q_2、q_3、q_4、q_A 与 fq、kq）之间的耦合与多绕组变压器类似。以 d 轴为例分析其耦合关系，如图 2-2 所示。

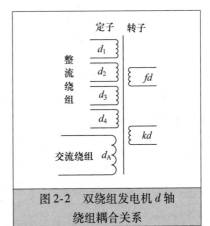

图 2-2　双绕组发电机 d 轴绕组耦合关系

3/12 相双绕组发电机，d 轴方向上的磁通可分为主磁通 ϕ_c 和漏磁通 ϕ_1。主磁通 ϕ_c 是与 d 轴上所有绕组均相链的磁通，对应气隙磁场产生的 d 轴磁通；

漏磁通 ϕ_1 又分为自漏磁通和互漏磁通，对应漏磁场产生的 d 轴磁通。在机电能量转换中，主磁通起主要作用，与主磁通对应的各线圈间的耦合关系与全耦合多绕组变压器相同，其自感和互感具有如下规律：

1）自感与各绕组有效匝数的二次方成正比。

2）互感与两绕组有效匝数的乘积成正比。

3）与漏磁通有关的自漏感、互漏感则不具有上述关系，需另行考虑。

因此为了导出基本方程中相关参数的关系式，就需要将各感抗分解成与主磁通有关的部分和与漏磁通有关的部分。对前者可以根据全耦合变压器的特点，导出各绕组相互间的关系式；对后者则需另行处理。

以 d 轴为例，式（2-5）中 x_{dy}、x_{dmy}、x_{dA}、x_{dmAy} 已分为两部分，其中电枢反应电抗就是与主磁通相关的部分，具有如下关系：

$$\begin{cases} \dfrac{x_{ad}}{x_{Ad}} = \left(\dfrac{W_y k_{wy}}{W_A k_{wA}} \right)^2 \\[2mm] \dfrac{x_{ad}}{x_{Aad}} = \dfrac{(W_y k_{wy})^2}{W_y k_{wy} \cdot W_A k_{wA}} = \dfrac{W_y k_{wy}}{W_A k_{wA}} \end{cases} \tag{2-13}$$

式中　W_A——交流绕组串联匝数；

　　　　W_y——整流绕组单 Y 每相串联匝数；

　　　　k_{wA}——交流绕组绕组系数；

　　　　k_{wy}——整流绕组单 Y 每相绕组系数。

此外还可以从 d 轴电枢反应电抗的计算公式（实在值）得出上述关系[81]：

$$\begin{cases} L_{ad} = \dfrac{3\tau l\lambda_{ad}}{2p} \cdot \left(\dfrac{2}{\pi}\right)^2 \cdot (W_y k_{wy})^2 \\ L_{Ad} = \dfrac{3\tau l\lambda_{ad}}{2p} \cdot \left(\dfrac{2}{\pi}\right)^2 \cdot (W_A k_{wA})^2 \\ L_{Aad} = \dfrac{3\tau l\lambda_{ad}}{2p} \cdot \left(\dfrac{2}{\pi}\right)^2 \cdot (W_y k_{wy} \cdot W_A k_{wA}) \end{cases} \quad (2\text{-}14)$$

式中　τ——极距；

　　　λ_{ad}——d 轴磁路磁导系数；

　　　l——电枢有效长度；

　　　p——极对数。

令 $k_y = W_y k_{wy}$，$k_A = W_A k_{wA}$，则可得交流绕组与整流绕组单 Y 有效匝数比：

$$k = \frac{k_A}{k_y} \quad (2\text{-}15)$$

所以有

$$x_{Ad} = kx_{Aad} = k^2 x_{ad} \quad (2\text{-}16)$$

同理可得 q 轴电枢反应电抗关系式为

$$x_{Aq} = kx_{Aaq} = k^2 x_{aq} \quad (2\text{-}17)$$

另外，参照前面的分析，还可以得到转子绕组与定子绕组（整流绕组、交流绕组）互感的关系式：

$$\begin{cases} x_{Afd} = kx_{afd}, \ x_{Akd} = kx_{akd} \\ x_{Afq} = kx_{afq}, \ x_{Akq} = kx_{akq} \end{cases} \quad (2\text{-}18)$$

式（2-16）、式（2-17）和式（2-18）体现了双绕组发电机内部沿主磁路的耦合关系，后面的分析将应用这些关系进一步简化磁链和电压方程。

2.4　十二相整流绕组的等效

2.4.1　基本思想

　　以 d 轴为例（q 轴类似），将整流绕组十二相 4Y 绕组，看作一个等效的 Y 绕组，如图 2-3 所示。图中等效整流绕组相当于 4 个 d 轴回路的并联，等效的原则是整流绕组（作为整体）与交流绕组电磁关系不变，即基本方程不变。

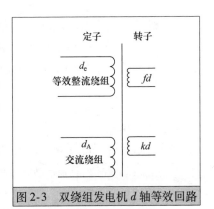

图 2-3　双绕组发电机 d 轴等效回路

2.4.2　等效后的电磁量

　　整流绕组等效后，双绕组发电机定子侧各电磁量为

$$\begin{cases} i_{de} = 4i_d, \ i_{qe} = 4i_q \\ \psi_{de} = \psi_d, \ \psi_{qe} = \psi_q \\ u_{de} = u_d, \ u_{qe} = u_q \end{cases} \tag{2-19}$$

$$\begin{cases} x_{de} = \dfrac{1}{4}x_d, \qquad x_{qe} = \dfrac{1}{4}x_q \\ x_{dmAe} = x_{dmAy}, \qquad x_{qmAe} = x_{qmAy} \\ r_e = \dfrac{1}{4}r_y \end{cases} \tag{2-20}$$

式中，下标 e 表示等效后的量。

2.4.3　等效后的基本方程

1.　磁链方程

　　将整流绕组进行等效后，电机定子侧绕组的磁链方程为

$$\begin{cases} \psi_{de} = -x_{de}i_{de} - x_{dmAe}i_{dA} + x_{afd}i_{fd} + x_{akd}i_{kd} \\ \psi_{qe} = -x_{qe}i_{qe} - x_{qmAe}i_{qA} + x_{afq}i_{fq} + x_{akq}i_{kq} \\ \psi_{dA} = -x_{dA}i_{dA} - x_{dmAe}i_{de} + x_{Afd}i_{fd} + x_{Akd}i_{kd} \\ \psi_{qA} = -x_{qA}i_{qA} - x_{qmAe}i_{qe} + x_{Afq}i_{fq} + x_{Akq}i_{kq} \end{cases} \quad (2\text{-}21)$$

电机转子侧绕组的磁链方程为

$$\begin{cases} \psi_{fd} = -x_{afd}i_{de} - x_{Afd}i_{dA} + x_{fd}i_{fd} + x_{fkd}i_{kd} \\ \psi_{fq} = -x_{afq}i_{qe} - x_{Afq}i_{qA} + x_{fq}i_{fq} + x_{fkq}i_{kq} \\ \psi_{kd} = -x_{akd}i_{de} - x_{Akd}i_{dA} + x_{fkd}i_{fd} + x_{kd}i_{kd} \\ \psi_{kq} = -x_{akq}i_{qe} - x_{Akq}i_{qA} + x_{fkq}i_{fq} + x_{kq}i_{kq} \end{cases} \quad (2\text{-}22)$$

2. 电压方程

将整流绕组进行等效后，电机定子侧绕组的电压方程为

$$\begin{cases} u_{de} = p\psi_{de} - \omega\psi_{qe} - r_e i_{de} \\ u_{qe} = p\psi_{qe} + \omega\psi_{de} - r_e i_{qe} \\ u_{dA} = p\psi_{dA} - \omega\psi_{qA} - r_A i_{dA} \\ u_{qA} = p\psi_{qA} + \omega\psi_{dA} - r_A i_{qA} \end{cases} \quad (2\text{-}23)$$

电机转子侧绕组的电压方程同式（2-12）。

2.5　等效整流绕组的折算

为了简化双绕组发电机解析分析和仿真流程，更深入地反映两套绕组间的耦合实质，现参照多绕组变压器的折算关系，将等效后的整流绕组折算到交流绕组进行计算。

2.5.1　折算后的电磁量

与多绕组变压器的折算相同，将双绕组发电机的整流绕组折算到交流绕组，使其具有与交流绕组相同的每相有效串联匝数。折算后的电磁量为

$$\begin{cases} u_{da} = ku_{de}, \quad u_{qa} = ku_{qe}, \quad i_{da} = \dfrac{1}{k}i_{de}, \quad i_{qa} = \dfrac{1}{k}i_{qe} \\ \psi_{da} = k\psi_{de}, \quad \psi_{qa} = k\psi_{qe}, \quad r_a = k^2 r_e \\ x_{da} = k^2 x_{de}, \quad x_{dmAa} = kx_{dmAe}, \quad x_{efd} = kx_{afd}, \quad x_{ekd} = kx_{akd} \\ x_{qa} = k^2 x_{qe}, \quad x_{qmAa} = kx_{qmAe}, \quad x_{efq} = kx_{afq}, \quad x_{ekq} = kx_{akq} \end{cases}$$

$$(2\text{-}24)$$

式中，u_{da}、u_{qa}、i_{da}、i_{qa}、ψ_{da}、ψ_{qa}、x_{da}、x_{qa}、x_{dmAa}、x_{qmAd}、r_a 分别表示折算后相应物理量；x_{efd}、x_{efq}、x_{ekd}、x_{ekq} 分别表示等效整流绕组折算后的 d、q 轴绕组与相应转子绕组的互感抗。

将前面得出的参数间（耦合、等效）关系式（2-3）、式(2-16)、式（2-17）、式（2-18）、式（2-19）、式（2-20）应用于式（2-24），得

$$\begin{cases} i_{da} = \dfrac{4}{k}i_d, \ i_{qa} = \dfrac{4}{k}i_q, \ r_a = \dfrac{k^2}{4}r_y \\ x_{da} = x_{la} + x_{Ad}, \ x_{dmAa} = x_{lmAa} + x_{Ad}, \ x_{efd} = x_{Afd}, \ x_{ekd} = x_{Akd} \\ x_{qa} = x_{la} + x_{Aq}, \ x_{qmAa} = x_{lmAa} + x_{Aq}, \ x_{efq} = x_{Afq}, \ x_{ekq} = x_{Akq} \end{cases}$$
$$(2\text{-}25)$$

$$\begin{cases} x_{da} - x_{dmAa} = x_{qa} - x_{qmAa} = x_{la} - x_{lmAa} \\ x_{dA} - x_{dmAa} = x_{qA} - x_{qmAa} = x_{lA} - x_{lmAa} \\ x_{dA} - x_{da} = x_{qA} - x_{qa} = x_{lA} - x_{la} \end{cases} \quad (2\text{-}26)$$

式中，$x_{la} = \dfrac{k^2}{4}(x_{ly} + 3x_{lmy})$，$x_{lmAa} = kx_{lmAy}$。

2.5.2　折算后的基本方程

1. 磁链方程

将双绕组发电机的整流绕组折算到交流绕组后，其定子绕组磁链方程为

$$\begin{cases} \psi_{da} = -x_{da}i_{da} - x_{dmAa}i_{dA} + x_{Afd}i_{fd} + x_{Akd}i_{kd} \\ \psi_{qa} = -x_{qa}i_{qa} - x_{qmAa}i_{qA} + x_{Afq}i_{fq} + x_{Akq}i_{kq} \\ \psi_{dA} = -x_{dA}i_{dA} - x_{dmAa}i_{da} + x_{Afd}i_{fd} + x_{Akd}i_{kd} \\ \psi_{qA} = -x_{qA}i_{qA} - x_{qmAa}i_{qa} + x_{Afq}i_{fq} + x_{Akq}i_{kq} \end{cases} \quad (2\text{-}27)$$

转子绕组磁链方程为

$$\begin{cases} \psi_{fd} = -x_{Afd}i_{da} - x_{Afd}i_{dA} + x_{fd}i_{fd} + x_{fkd}i_{kd} \\ \psi_{fq} = -x_{Afq}i_{qa} - x_{Afq}i_{qA} + x_{fq}i_{fq} + x_{fkq}i_{kq} \\ \psi_{kd} = -x_{Akd}i_{da} - x_{Akd}i_{dA} + x_{fkd}i_{fd} + x_{kd}i_{kd} \\ \psi_{kq} = -x_{Akq}i_{qa} - x_{Akq}i_{qA} + x_{fkq}i_{fq} + x_{kq}i_{kq} \end{cases} \quad (2\text{-}28)$$

2. 电压方程

将双绕组发电机的整流绕组折算到交流绕组后，其定子绕组电压方程为

$$\begin{cases} u_{da} = p\psi_{da} - \omega\psi_{qa} - r_a i_{da} \\ u_{qa} = p\psi_{qa} + \omega\psi_{da} - r_a i_{qa} \\ u_{dA} = p\psi_{dA} - \omega\psi_{qA} - r_A i_{dA} \\ u_{qA} = p\psi_{qA} + \omega\psi_{dA} - r_A i_{qA} \end{cases} \tag{2-29}$$

转子绕组电压方程同式（2-12）。

2.6 等效电路和运算电抗

2.6.1 磁链等效电路

利用前面得出的参数关系式（2-25），折算后的定子磁链方程式（2-27）可写为

$$\begin{cases} \psi_{da} = -\Delta x_{la1} i_{da} - x_{dM} i_{dM} + x_{Afd} i_{fd} + x_{Akd} i_{kd} \\ \psi_{qa} = -\Delta x_{la1} i_{qa} - x_{qM} i_{qM} + x_{Afq} i_{fq} + x_{Akq} i_{kq} \\ \psi_{dA} = -\Delta x_{lA1} i_{dA} - x_{dM} i_{dM} + x_{Afd} i_{fd} + x_{Akd} i_{kd} \\ \psi_{qA} = -\Delta x_{lA1} i_{qA} - x_{qM} i_{qM} + x_{Afq} i_{fq} + x_{Akq} i_{kq} \end{cases} \tag{2-30}$$

式中，

$$\begin{cases} i_{dM} = i_{da} + i_{dA}, & i_{qM} = i_{qa} + i_{qA} \\ x_{dM} = x_{dmAa} = kx_{dmAy}, & x_{qM} = x_{qmAa} = kx_{qmAy} \\ \Delta x_{la1} = x_{la} - x_{lmAa}, & \Delta x_{lA1} = x_{lA} - x_{lmAa} \end{cases} \tag{2-31}$$

这里引入净漏抗的概念，即各绕组漏抗减去互感漏抗后的值。式（2-31）中的 Δx_{la1}、Δx_{lA1} 即为整流绕组和交流绕组各自的净漏抗：

$$\begin{cases} x_{da} = x_{dmAa} + \Delta x_{la1} = x_{dM} + \Delta x_{la1} \\ x_{dA} = x_{dmAa} + \Delta x_{lA1} = x_{dM} + \Delta x_{lA1} \end{cases} \tag{2-32}$$

下面以 d 轴磁链方程为例，进行适当变形以推导相应的磁链等效电路。

将转子磁链方程式（2-28）和定子磁链方程式（2-30）的 d 轴部分写为如下形式：

$$\begin{cases} \psi_{da} = -\Delta x_{la1}i_{da} - (x_{dM}-x_{Afd})i_{dM} + x_{Akd}(i_{fd}+i_{kd}-i_{dM}) + (x_{Afd}-x_{Akd})(i_{fd}-i_{dM}) \\ \psi_{dA} = -\Delta x_{lA1}i_{dA} - (x_{dM}-x_{Afd})i_{dM} + x_{Akd}(i_{fd}+i_{kd}-i_{dM}) + (x_{Afd}-x_{Akd})(i_{fd}-i_{dM}) \\ \psi_{fd} = x_{Akd}(i_{fd}+i_{kd}-i_{dM}) + (x_{Afd}-x_{Akd})(i_{fd}-i_{dM}) + (x_{fkd}-x_{Akd})(i_{fd}+i_{kd}) + \\ \qquad (x_{fd}+x_{Akd}-x_{Afd}-x_{fkd})i_{fd} \\ \psi_{kd} = x_{Akd}(i_{fd}+i_{kd}-i_{dM}) + (x_{fkd}-x_{Akd})(i_{fd}+i_{kd}) + (x_{kd}-x_{fkd})i_{kd} \end{cases}$$
$$(2\text{-}33)$$

式中，$i_{dM} = i_{da} + i_{dA}$。

根据式（2-33）和转子电压方程式（2-12），可画出相应的 d 轴磁链等效电路，如图 2-4 所示。

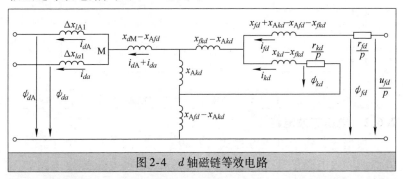

图 2-4　d 轴磁链等效电路

通常采用 "x_{ad}" 基值系统，若令 $x_{fkd} = x_{Ad} = x_{Afd} = x_{Akd}$，则 d 轴磁链方程式（2-33）可进一步简化为

$$\begin{cases} \psi_{da} = -\Delta x_{la1}i_{da} - x_{lM}i_{dM} + x_{Ad}(i_{fd}+i_{kd}-i_{dM}) \\ \psi_{dA} = -\Delta x_{lA1}i_{dA} - x_{lM}i_{dM} + x_{Ad}(i_{fd}+i_{kd}-i_{dM}) \end{cases} \qquad (2\text{-}34)$$

$$\begin{cases} \psi_{fd} = x_{Ad}(i_{fd}+i_{kd}-i_{dM}) + x_{fdl}i_{fd} \\ \psi_{kd} = x_{Ad}(i_{fd}+i_{kd}-i_{dM}) + x_{kdl}i_{kd} \end{cases} \qquad (2\text{-}35)$$

式中，$x_{lM} = x_{dM} - x_{Ad}$，$x_{fdl} = x_{fd} - x_{Ad}$，$x_{kdl} = x_{kd} - x_{Ad}$。

d 轴磁链等效电路简化为图 2-5 的形式。

同理可推出 q 轴磁链简化等效电路，如图 2-6 所示。

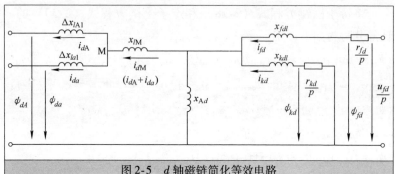

图 2-5 d 轴磁链简化等效电路

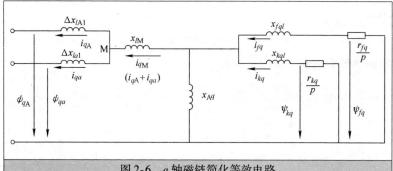

图 2-6 q 轴磁链简化等效电路

2.6.2 电压等效电路

根据定、转子电压方程式（2-29）、式（2-12）、式（2-28），并参照等效电路图 2-5、图 2-6，可得 d、q 轴电压等效电路如图 2-7、图 2-8 所示。

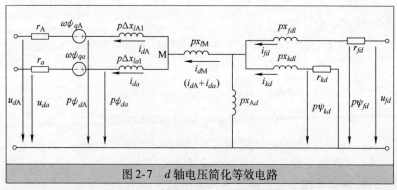

图 2-7 d 轴电压简化等效电路

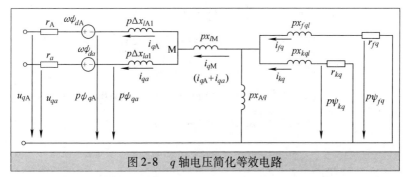

图 2-8 q 轴电压简化等效电路

由图 2-7 和图 2-8 可见，M 点以右是一台三相同步发电机的等效电路。这样就建立了双绕组同步发电机与普通三相同步发电机的内在联系：从图 2-7、图 2-8 的 d、q 等效电路上看，双绕组发电机相当于具有两条净漏阻抗并联支路的普通三相发电机。这样，三相同步发电机的有关分析方法便可以引申到双绕组发电机中来。

2.6.3 参数换算关系

将前面等效与折算前后的相关参数总结如下，以利于将来的应用。

$$\begin{cases} r_a = \dfrac{k^2}{4} r_y \ , \quad x_{la} = \dfrac{k^2}{4}(x_{ly} + 3x_{lmy}) \ , \quad x_{lmAa} = k x_{lmAy} \\[2mm] x_{Ad} = k^2 x_{ad} \ , \quad x_{da} = \dfrac{k^2}{4} x_d \ , \quad x_{Aq} = k^2 x_{aq} \ , \quad x_{qa} = \dfrac{k^2}{4} x_q \\[2mm] x_{dmAa} = k x_{dmAy} \ , \quad x_{dmAa} = x_{lmAa} + x_{Ad} \\[2mm] x_{qmAa} = k x_{qmAy} \ , \quad x_{qmAa} = x_{lmAa} + x_{Aq} \\[2mm] x_{da} = x_{la} + x_{Ad} \ , \quad x_{qa} = x_{la} + x_{Aq} \\[2mm] u_{da} = k u_{dy} \ , \quad i_{da} = \dfrac{4}{k} i_d \ , \quad \psi_{da} = k \psi_{dy} \\[2mm] u_{qa} = k u_{qy} \ , \quad i_{qa} = \dfrac{4}{k} i_q \ , \quad \psi_{qa} = k \psi_{qy} \end{cases} \quad (2\text{-}36)$$

2.6.4 运算电抗

利用转子电压方程式（2-12），消去磁链方程式（2-34）、式

（2-35）中转子的量（q 轴与 d 轴类似）：

$$\begin{cases} \psi_{da} = G_{\text{A}}(p)u_{fd} - x_{d\text{M}}(p)i_{d\text{M}} - \Delta x_{la1}i_{da} \\ \psi_{qa} = -x_{q\text{M}}(p)i_{q\text{M}} - \Delta x_{la1}i_{qa} \\ \psi_{d\text{A}} = G_{\text{A}}(p)u_{fd} - x_{d\text{M}}(p)i_{d\text{M}} - \Delta x_{l\text{A}1}i_{d\text{A}} \\ \psi_{q\text{A}} = -x_{q\text{M}}(p)i_{q\text{M}} - \Delta x_{l\text{A}1}i_{q\text{A}} \end{cases} \quad (2\text{-}37)$$

式中，

$$G_{\text{A}}(p) = \frac{px_{kdl} + r_{kd}}{A_d(p)}x_{\text{A}d}, \quad x_{d\text{M}}(p) = x_{d\text{M}} - \frac{B_d(p)}{A_d(p)}, \quad x_{q\text{M}}(p) = x_{q\text{M}} - \frac{B_q(p)}{A_q(p)}$$

$$\begin{cases} x_{da}(p) = x_{da} - \dfrac{B_d(p)}{A_d(p)} = x_{d\text{M}}(p) + \Delta x_{la1} \\[3mm] x_{qa}(p) = x_{qa} - \dfrac{B_q(p)}{A_q(p)} = x_{q\text{M}}(p) + \Delta x_{la1} \\[3mm] x_{d\text{A}}(p) = x_{d\text{A}} - \dfrac{B_d(p)}{A_d(p)} = x_{d\text{M}}(p) + \Delta x_{l\text{A}1} \\[3mm] x_{q\text{A}}(p) = x_{q\text{A}} - \dfrac{B_q(p)}{A_q(p)} = x_{q\text{M}}(p) + \Delta x_{l\text{A}1} \end{cases} \quad (2\text{-}38)$$

$$A_d(p) = p^2(x_{kd}x_{fd} - x_{\text{A}d}^2) + p(r_{kd}x_{fd} + r_{fd}x_{kd}) + r_{fd}r_{kd}$$

$$A_q(p) = p^2(x_{kq}x_{fq} - x_{\text{A}q}^2) + p(r_{kq}x_{fq} + r_{fq}x_{kq}) + r_{fq}r_{kq}$$

$$B_d(p) = x_{\text{A}d}^2[p^2(x_{kdl} + x_{fdl}) + p(r_{kd} + r_{fd})]$$

$$B_q(p) = x_{\text{A}q}^2[p^2(x_{kql} + x_{fql}) + p(r_{kq} + r_{fq})]$$

式中　　$G_{\text{A}}(p)$——d 轴运算电导；

$x_{d\text{M}}(p)$、$x_{q\text{M}}(p)$——等效三相发电机 d、q 轴运算电抗；

$x_{da}(p)$、$x_{qa}(p)$——经等效、折算后的整流绕组 d、q 轴运算电抗；

$x_{d\text{A}}(p)$、$x_{q\text{A}}(p)$——交流绕组 d、q 轴运算电抗。

据此可得相应的 d、q 轴磁链等效电路，如图 2-9 和图 2-10 所示。

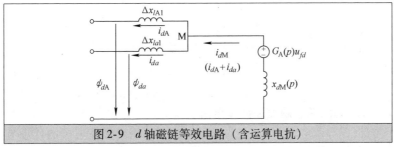

图 2-9　d 轴磁链等效电路（含运算电抗）

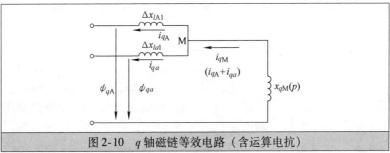

图 2-10　q 轴磁链等效电路（含运算电抗）

双绕组发电机交直流同时突然短路时，由于两套绕组间的耦合，使得其 d、q 轴运算电抗具有一定特点，下面从等效电路来推导其运算电抗。

以 d 轴为例，图 2-5 中 M 点以右相当于一台三相同步发电机（等效发电机），因此双绕组发电机交直流同时突然短路的 d 轴运算电抗可认为是，等效发电机的 d 轴运算电抗 $x_{dM}(p)$ 加上两并联的净漏抗 Δx_{la1} 和 Δx_{lA1}，可写为

$$x_{dA1}(p) = x_{dM}(p) + \Delta x_{la1}//\Delta x_{lA1} \qquad (2-39)$$

注：符号"//"表示并联。

由式（2-38）可得

$$x_{dA1}(p) = x_{da}(p) - \Delta x_a = x_{dA}(p) - \Delta x_A \qquad (2-40)$$

式中，

$$\begin{cases} \Delta x_a = \dfrac{\Delta x_{la1}^2}{\Delta x_{la1} + \Delta x_{lA1}} = \dfrac{\Delta x_{la1}^2}{S} \\[4mm] \Delta x_A = \dfrac{\Delta x_{lA1}^2}{\Delta x_{la1} + \Delta x_{lA1}} = \dfrac{\Delta x_{lA1}^2}{S} \end{cases} \qquad (2-41)$$

$$S = \Delta x_{la1} + \Delta x_{lA1} \qquad (2\text{-}42)$$

显然，S 表示两净漏抗之和。

同理可得，双绕组发电机 q 轴运算电抗为

$$x_{qA1}(p) = x_{qM}(p) + \Delta x_{la1} // \Delta x_{lA1} \qquad (2\text{-}43)$$
$$= x_{qa}(p) - \Delta x_a = x_{qA}(p) - \Delta x_A$$

2.6.5 超瞬变、瞬变和同步电抗

根据等效电路图 2-7、图 2-8，参照三相同步发电机的处理方法，可得到双绕组发电机交直流同时突然短路时的 d 轴超瞬变电抗、瞬变电抗和同步电抗：

$$x''_{dA1} = x''_{da} - \Delta x_a = x''_{dA} - \Delta x_A \qquad (2\text{-}44)$$
$$x'_{dA1} = x'_{da} - \Delta x_a = x'_{dA} - \Delta x_A \qquad (2\text{-}45)$$
$$x_{dA1} = x_{da} - \Delta x_a = x_{dA} - \Delta x_A \qquad (2\text{-}46)$$

式中，x''_{dA}、x'_{dA}、x_{dA}、x''_{da}、x'_{da}、x_{da} 分别为交流绕组和整流绕组的 d 轴超瞬变电抗、瞬变电抗和同步电抗；x''_{dA1}、x'_{dA1}、x_{dA1} 为双绕组发电机交直流同时突然短路后的 d 轴超瞬变电抗、瞬变电抗和同步电抗。

对于 q 轴超瞬变电抗、瞬变电抗和同步电抗也有类似的关系：

$$x''_{qA1} = x''_{qa} - \Delta x_a = x''_{qA} - \Delta x_A \qquad (2\text{-}47)$$
$$x'_{qA1} = x'_{qa} - \Delta x_a = x'_{qA} - \Delta x_A \qquad (2\text{-}48)$$
$$x_{qA1} = x_{qa} - \Delta x_a = x_{qA} - \Delta x_A \qquad (2\text{-}49)$$

由式（2-41）可知，通常因 $\Delta x_a > 0$、$\Delta x_A > 0$，所以 x''_{dA1}、x'_{dA1}、x_{dA1} 比交流绕组和整流绕组相应的超瞬变电抗、瞬变电抗和同步电抗要小。特别是超瞬变电抗，由于它本身主要就由漏抗决定，再减去漏抗的相应组合（Δx_a 和 Δx_A），即出现了漏抗相减的情况，超瞬变电抗会变得更小，不一定比定子绕组电阻大很多（普通三相发电机的超瞬变电抗通常比定子绕组电阻大很多，分析其过渡过程时可忽略有关电阻的项），所以在分析其过渡过程时电阻不可随便忽略。至于可以近似到什么程度，需要根据典型双绕组发电机的参数进行计算后才能确定。

2.6.6 时间常数

1. 开路时间常数

由于双绕组发电机可看作是一等效三相同步发电机串接两条

净漏阻抗并联支路（见图 2-7、图 2-8），所以定子开路时转子的时间常数与三相电机相同：

$$\begin{cases} T''_{d0} = T''_{kd0} = \dfrac{x_{kd} - \dfrac{x^2_{Ad}}{x_{fd}}}{r_{kd}}, \ T'_{d0} = T_{fd} = \dfrac{x_{fd}}{r_{fd}} \\[4mm] T''_{q0} = T''_{kq0} = \dfrac{x_{kq} - \dfrac{x^2_{Aq}}{x_{fq}}}{r_{kq}}, \ T'_{q0} = T_{fq} = \dfrac{x_{fq}}{r_{fq}} \end{cases} \tag{2-50}$$

2. 定子时间常数

双绕组发电机交直流同时突然短路时有两个定子时间常数 T_{a1}、T_{a2}，分别为

$$\begin{cases} T_{a1} = \dfrac{2x''_{dA1}x''_{qA1}}{R_{Aa}(x''_{dA1} + x''_{qA1})} \\[4mm] T_{a2} = \dfrac{\Delta x_{la1} + \Delta x_{lA1}}{r_a + r_A} \end{cases} \tag{2-51}$$

式中，

$$R_{Aa} = \frac{\Delta x_a r_A + \Delta x_A r_a}{\Delta x_{la1} + \Delta x_{lA1}} = \frac{\Delta x^2_{la1} r_A + \Delta x^2_{lA1} r_a}{(\Delta x_{la1} + \Delta x_{lA1})^2} \tag{2-52}$$

具体证明将在后续 3.3 节给出。

对上述两个时间常数，可从等效电路的角度给出物理解释：T_{a1} 是与三相电机的定子时间常数 T_a 相对应的、考虑两净漏阻抗支路并联效果的定子时间常数，R_{Aa} 相当于两净漏阻抗支路并联后的等效电阻；T_{a2} 是与净漏阻抗回路（参见 d、q 轴电压等效电路图 2-7、图 2-8，由 Δx_{la1}、Δx_{lA1}、r_a、r_A 构成的回路）相应的时间常数。

2.7 输出功率和电磁转矩

2.7.1 输出功率

取功率的基值为

$$P_b = \frac{3}{2}U_{Nm}I_{Nm} \tag{2-53}$$

式中，U_{Nm}、I_{Nm} 为交流绕组相电压、相电流的幅值。

3/12 相双绕组发电机定子的输出功率为[5]

$$P = \sum_{k=1}^{4} \left(u_{dk}i_{dk} + u_{qk}i_{qk} + 2u_{0k}i_{0k} \right) + u_{dA}i_{dA} + u_{qA}i_{qA} + 2u_{0A}i_{0A}$$

$$(2-54)$$

考虑整流绕组 4Y 完全对称，将其折算到交流绕组，且不考虑 0 轴分量，可得

$$P = u_{da}i_{da} + u_{qa}i_{qa} + u_{dA}i_{dA} + u_{qA}i_{qA} \tag{2-55}$$

式中，u_{da}、u_{qa}、i_{da}、i_{qa} 的意义见式（2-36）。

2.7.2　电磁转矩

取转矩的基值为

$$M_b = \frac{P_b}{\Omega_b} = \frac{p}{\omega_b} P_b \tag{2-56}$$

式中，Ω_b、ω_b、p 分别为机械角速度、电角速度基值和极对数。

3/12 相双绕组发电机的电磁转矩为[5]

$$M_e = i_{qa}\psi_{da} - i_{da}\psi_{qa} + i_{qA}\psi_{dA} - i_{dA}\psi_{qA} \tag{2-57}$$

式中，ψ_{da}、ψ_{qa}、i_{da}、i_{qa} 的意义见式（2-36）。

2.8　电路仿真模型

双绕组发电机两套绕组相互耦合，相关参数多，数学模型复杂，解析分析十分困难。而电路模型仿真法恰好避免了这一缺点，省去了繁杂的数学推导，且无需进行近似求解，能够真实地反映实际工况，是研究双绕组发电机的重要手段。

本书采用 Simulink 仿真平台对 3/12 相双绕组发电机展开分析，该软件具有以下特点：

1）建模灵活方便，易于编程，仿真功能强大。

2）算法多样，特别是具有针对非线性系统刚性方程求解的准确算法，如 ode15s、ode23s 等。

3）电力系统模块库中的电力电子元件丰富，且模型准确，如用该模块库中整流桥所建立的十二相整流系统模型，不仅建模简单，而且结果准确，这是其他计算机语言很难做到的。

4）所得仿真数据易于处理，例如，可以对所得数据直接绘图、放大、进行快速傅里叶变换（FFT）等。

因此，用 Simulink 软件建立的双绕组发电机系统电路仿真模型便捷准确，是研究双绕组发电机系统的有效工具。

2.8.1　基本方程和等效电路

为了便于解析分析，在前面采用了两项假设以简化双绕组发电机的数学模型：一是假定 3/12 相双绕组发电机系统整流绕组4Y之间互感相等；二是假定整流绕组各 Y 与交流绕组之间的互感相等。以上两项假设虽然简化了双绕组发电机的数学模型与解析分析过程，但与实际情况不符，互感不相等对交、直流短路电流和电磁转矩等的影响，尤其是对整流绕组交流侧电流的影响，还有待研究。所以在建立电路仿真模型时，不再采用这两项简化假设，而是建立一个反映实际情况的电路模型，称之为一般电路模型。若令整流绕组各 Y 之间互感相等、交流绕组与整流绕组各 Y 的互感也相等，则可得到等互感模型（即采用上述两项假设的模型）。

1. 基本方程

（1）d 轴磁链方程

由式（2-1）、式（2-3），可得 3/12 相双绕组发电机互感不相等条件下 d 轴的磁链方程。其中整流绕组 d 轴磁链方程为

$$\begin{cases} \psi_{d1} = -x_{ly}i_{d1} - x_{lm1}i_{d2} - x_{lm2}i_{d3} - x_{lm1}i_{d4} - x_{lmAy1}i_{dA} - \\ \qquad x_{ad}i_{d\Sigma} - x_{Ad}i_{dA} + x_{afd}i_{fd} + x_{akd}i_{kd} \\ \psi_{d2} = -x_{ly}i_{d2} - x_{lm1}i_{d1} - x_{lm1}i_{d3} - x_{lm2}i_{d4} - x_{lmAy2}i_{dA} - \\ \qquad x_{ad}i_{d\Sigma} - x_{Ad}i_{dA} + x_{afd}i_{fd} + x_{akd}i_{kd} \\ \psi_{d3} = -x_{ly}i_{d3} - x_{lm1}i_{d2} - x_{lm2}i_{d1} - x_{lm1}i_{d4} - x_{lmAy3}i_{dA} - \\ \qquad x_{ad}i_{d\Sigma} - x_{Ad}i_{dA} + x_{afd}i_{fd} + x_{akd}i_{kd} \\ \psi_{d4} = -x_{ly}i_{d4} - x_{lm1}i_{d3} - x_{lm2}i_{d2} - x_{lm1}i_{d1} - x_{lmAy4}i_{dA} - \\ \qquad x_{ad}i_{d\Sigma} - x_{Ad}i_{dA} + x_{afd}i_{fd} + x_{akd}i_{kd} \end{cases} \tag{2-58}$$

交流绕组 d 轴磁链方程为

$$\psi_{dA} = -x_{lA}i_{dA} - x_{lmAy1}i_{d1} - x_{lmAy2}i_{d2} - x_{lmAy3}i_{d3} - x_{lmAy4}i_{d4} - \\ \qquad x_{Ad}i_{dA} - x_{Aad}i_{d\Sigma} + x_{Afd}i_{fd} + x_{Akd}i_{kd}$$

$$\tag{2-59}$$

转子绕组 d 轴磁链方程为

$$\begin{cases} \psi_{fd} = -x_{afd}i_{d\Sigma} - x_{Afd}i_{dA} + x_{fd}i_{fd} + x_{fkd}i_{kd} \\ \psi_{kd} = -x_{akd}i_{d\Sigma} - x_{Akd}i_{dA} + x_{kd}i_{kd} + x_{fkd}i_{fd} \end{cases} \qquad (2\text{-}60)$$

式中，$i_{d\Sigma} = \sum_{j=1}^{4} i_{dj}$，其他参数意义可参见前文。

采用"x_{ad}"基值系统，利用式（2-16）~式（2-18），将整流绕组的电磁量折算到交流绕组，并令

$$x_{Ad} = x_{Afd} = x_{Akd} = x_{fkd} \qquad (2\text{-}61)$$

由式（2-58）~式（2-60），参照前文处理方法，可得折算后整流绕组 d 轴磁链方程为

$$\begin{cases} \psi_{da1} = -\Delta x_{la}i_{da1} - \Delta x_{lma}i_{da3} - x_{lma1}i_{da} - x_{lmAa1}i_{dA} - x_{Ad}(i_{da} + i_{dA} - i_{fd} - i_{kd}) \\ \psi_{da2} = -\Delta x_{la}i_{da2} - \Delta x_{lma}i_{da4} - x_{lma1}i_{da} - x_{lmAa2}i_{dA} - x_{Ad}(i_{da} + i_{dA} - i_{fd} - i_{kd}) \\ \psi_{da3} = -\Delta x_{la}i_{da3} - \Delta x_{lma}i_{da1} - x_{lma1}i_{da} - x_{lmAa3}i_{dA} - x_{Ad}(i_{da} + i_{dA} - i_{fd} - i_{kd}) \\ \psi_{da4} = -\Delta x_{la}i_{da4} - \Delta x_{lma}i_{da2} - x_{lma1}i_{da} - x_{lmAa4}i_{dA} - x_{Ad}(i_{da} + i_{dA} - i_{fd} - i_{kd}) \end{cases}$$
$$(2\text{-}62)$$

折算后交流绕组 d 轴磁链方程为

$$\psi_{dA} = -x_{lA}i_{dA} - x_{lmAa1}i_{da1} - x_{lmAa2}i_{da2} - x_{lmAa3}i_{da3} - x_{lmAa4}i_{da4} - $$
$$x_{Ad}(i_{dA} + i_{da} - i_{fd} - i_{kd}) \qquad (2\text{-}63)$$

折算后转子绕组 d 轴磁链方程为

$$\begin{cases} \psi_{fd} = -x_{Ad}(i_{da} + i_{dA} - i_{fd} - i_{kd}) + x_{fdl}i_{fd} \\ \psi_{kd} = -x_{Ad}(i_{da} + i_{dA} - i_{fd} - i_{kd}) + x_{kdl}i_{kd} \end{cases} \qquad (2\text{-}64)$$

式中，

$$\begin{cases} \psi_{daj} = k\psi_{dj}, \ i_{daj} = \frac{1}{k}i_{dj}, \ i_{da} = \sum_{j=1}^{4} i_{daj} \\ \Delta x_{la} = k^2(x_{ly} - x_{lmy}), \ \Delta x_{lma} = k^2(x_{lm2} - x_{lm1}), \ x_{lma1} = k^2 x_{lm1} \\ x_{lmAaj} = kx_{lmAyj}, \ x_{fdl} = x_{fd} - x_{Ad}, \ x_{kdl} = x_{kd} - x_{Ad} \\ j = \overline{1,4} \end{cases}$$
$$(2\text{-}65)$$

k 的物理意义见式（2-15）。

（2）d 轴电压方程

折算后双绕组发电机 d 轴电压方程可写为

$$\begin{cases} u_{daj} = p\psi_{daj} - \omega\psi_{qaj} - r_a i_{daj} \\ u_{dA} = p\psi_{dA} - \omega\psi_{qA} - r_A i_{dA} \\ u_{fd} = p\psi_{fd} + r_{fd} i_{fd} \\ 0 = p\psi_{kd} + r_{kd} i_{kd} \end{cases} \tag{2-66}$$

式中，$u_{daj} = ku_{dj}$，$r_a = k^2 r_y$，$j = \overline{1,\ 4}$。

（3）q 轴磁链方程

与 d 轴磁链方程类似，折算后双绕组发电机整流绕组 q 轴磁链方程可写为

$$\begin{cases} \psi_{qa1} = -\Delta x_{la} i_{qa1} - \Delta x_{lma} i_{qa3} - x_{lma1} i_{qa} - x_{lmAa1} i_{qA} - x_{Aq}(i_{qa} + i_{qA} - i_{fq} - i_{kq}) \\ \psi_{qa2} = -\Delta x_{la} i_{qa2} - \Delta x_{lma} i_{qa4} - x_{lma1} i_{qa} - x_{lmAa2} i_{qA} - x_{Aq}(i_{qa} + i_{qA} - i_{fq} - i_{kq}) \\ \psi_{qa3} = -\Delta x_{la} i_{qa3} - \Delta x_{lma} i_{qa1} - x_{lma1} i_{qa} - x_{lmAa3} i_{qA} - x_{Aq}(i_{qa} + i_{qA} - i_{fq} - i_{kq}) \\ \psi_{qa4} = -\Delta x_{la} i_{qa4} - \Delta x_{lma} i_{qa2} - x_{lma1} i_{qa} - x_{lmAa4} i_{qA} - x_{Aq}(i_{qa} + i_{qA} - i_{fq} - i_{kq}) \end{cases} \tag{2-67}$$

折算后交流绕组 q 轴磁链方程为

$$\begin{aligned} \psi_{qA} = &-x_{lA} i_{qA} - x_{lmAa1} i_{qa1} - x_{lmAa2} i_{qa2} - x_{lmAa3} i_{qa3} - x_{lmAa4} i_{qa4} - \\ &x_{Aq}(i_{qA} + i_{qa} - i_{fq} - i_{kq}) \end{aligned} \tag{2-68}$$

折算后转子绕组 q 轴磁链方程为

$$\begin{cases} \psi_{fq} = -x_{Aq}(i_{qA} + i_{qa} - i_{fq} - i_{kq}) + x_{fql} i_{fq} \\ \psi_{kq} = -x_{Aq}(i_{qA} + i_{qa} - i_{fq} - i_{kq}) + x_{kql} i_{kq} \end{cases} \tag{2-69}$$

式中，

$$\begin{cases} \psi_{qaj} = k\psi_{qj}, \quad i_{qaj} = \dfrac{1}{k} i_{qj}, \quad i_{qa} = \sum_{j=1}^{4} i_{qaj} \\ \Delta x_{la} = k^2(x_{ly} - x_{lmy}), \quad \Delta x_{lma} = k^2(x_{lm2} - x_{lm1}), \quad x_{lma1} = k^2 x_{lm1} \\ x_{lmAaj} = kx_{lmAyj}, \quad x_{fql} = x_{fq} - x_{Aq}, \quad x_{kql} = x_{kq} - x_{Aq} \\ j = \overline{1,4} \end{cases} \tag{2-70}$$

k 见式（2-15）。

（4）q 轴电压方程

折算后双绕组发电机 q 轴电压方程可写为

$$\begin{cases} u_{qaj} = p\psi_{qaj} + \omega\psi_{daj} - r_a i_{qaj} \\ u_{qA} = p\psi_{qA} + \omega\psi_{dA} - r_A i_{qA} \\ 0 = p\psi_{fq} + r_{fq} i_{fq} \\ 0 = p\psi_{kq} + r_{kq} i_{kq} \end{cases} \quad (2\text{-}71)$$

式中，$u_{qaj} = k u_{qj}$，$r_a = k^2 r_y$，$j = \overline{1,\ 4}$。

2. 等效电路

（1）d 轴等效电路

根据式（2-62）~式（2-64）、式（2-66），参照 2.6 节的处理方法，可得到双绕组发电机 d 轴电压等效电路，如图 2-11 所示。

（2）q 轴等效电路

根据式（2-67）~式（2-69）、式（2-71），可得双绕组发电机 q 轴电压等效电路，如图 2-12 所示。

由图 2-11 和图 2-12 可见，q 轴因为有了 fq 绕组，所以其等效电路形式与 d 轴类似，区别仅在于 fq 绕组与 fd 绕组的差异。

2.8.2　电路仿真模型

双绕组交直流发电机系统的电路仿真模型，包括双绕组发电机、电压调节器、调速系统、坐标变换、十二相整流桥系统、开关和负载等模块。下面分别介绍各模块。

（1）双绕组发电机模块

双绕组发电机的电路模型，包括 d 轴和 q 轴等效电路模型，如图 2-11、图 2-12 所示。该模块是利用 Matlab 语言的 Simulink 仿真环境建立的相应电路仿真模型，由电力系统模块库（power system blocket）中的电阻、电感、受控电压源等元件，按照 d 轴和 q 轴等效电路构成。

（2）电压调节器模块

电压调节器一般采用 PI 调节器，考虑到分析突然短路的假设条件是励磁不加调节，即 u_{fd} 保持不变，所以本模块可以简化为一

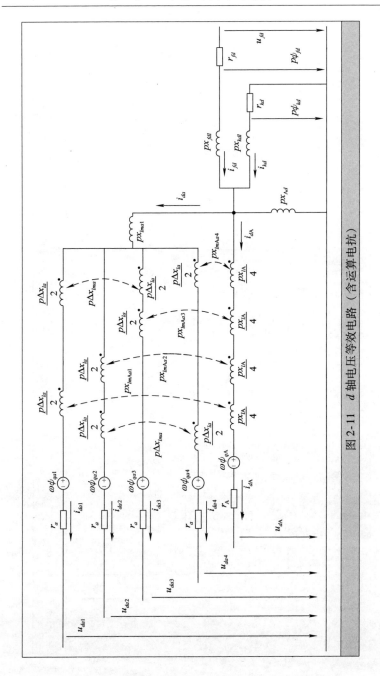

图 2-11　d 轴电压等效电路（含运算电抗）

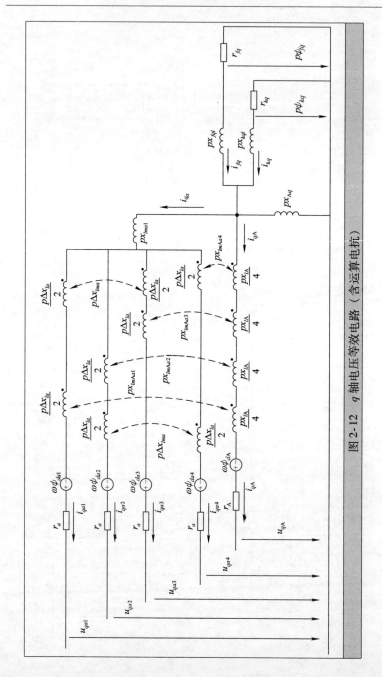

图 2-12 q 轴电压等效电路（含运算电抗）

恒定直流电压源。

（3）调速系统模块

转速调节器一般也采用 PI 调节器，同样考虑到分析突然短路的假设条件是转速保持不变，所以本模块可用一常数模块（constant）表示，同步转速时该常数模块的值为 1，表示为 $\omega = 1$（标幺值）。

（4）坐标变换模块

坐标变换模块包括 $abc \rightarrow dq(C_{dq}^{abc}(\theta))$ 和 $dq \rightarrow abc(C_{abc}^{dq}(\theta))$ 两个变换模块，实现 abc 系统和 dq 系统电磁量的相互转化，相应的变换矩阵为

$$C_{dq}^{abc}(\theta) = \begin{bmatrix} C_{11} & & & & & \\ & C_{22} & & & & \\ & & C_{33} & & & \\ & & & C_{44} & & \\ & & & & C_{AA} & \\ & & & & & I \end{bmatrix} \tag{2-72}$$

$$C_{abc}^{dq}(\theta) = \left[C_{dq}^{abc}(\theta) \right]^{-1} = \begin{bmatrix} C_{11}{}^{-1} & & & & & \\ & C_{22}{}^{-1} & & & & \\ & & C_{33}{}^{-1} & & & \\ & & & C_{44}{}^{-1} & & \\ & & & & C_{AA}{}^{-1} & \\ & & & & & I \end{bmatrix}$$

$$\tag{2-73}$$

式中，

$$C_{AA} = \frac{2}{3} \begin{bmatrix} \cos(\theta-\alpha) & \cos(\theta-\alpha-120°) & \cos(\theta-\alpha+120°) \\ -\sin(\theta-\alpha) & -\sin(\theta-\alpha-120°) & -\sin(\theta-\alpha+120°) \end{bmatrix}$$

$$C_{jj} = \frac{2}{3} \begin{bmatrix} \cos[\theta-(j-1)15°] & \cos([\theta-(j-1)15°]-120°) & \cos([\theta-(j-1)15°]+120°) \\ -\sin[\theta-(j-1)15°] & -\sin([\theta-(j-1)15°]-120°) & -\sin([\theta-(j-1)15°]+120°) \end{bmatrix}$$

$j = \overline{1, 4}$，I 为 4×4 的单位矩阵。

需要注意的是，在 Simulink 仿真环境中，坐标变换只能针对信号量进行，不能针对实际的电磁量进行变换。所谓信号量是指通过测量环节（如电压、电流测量模块等）得到的量，实际的电磁量是发电机系统的实际量，这就涉及信号量和电磁量的相互转化问题。本书的处理方法如下：

通过测量得到信号量，信号量通过受控源（受控电压源、受控电流源）再转化为实际电磁量。信号量转换为电磁量的示意图如图 2-13 所示（以电压为例）。图中 u_{a_s}、u_{b_s}、u_{c_s} 为 u_a、u_b、u_c 的信号量，u_a、u_b、u_c 为实际电压量，其他量的转换类似。

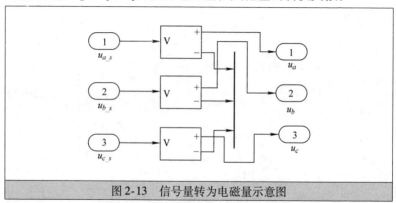

图 2-13　信号量转为电磁量示意图

（5）十二相整流模块

利用电力系统模块库（power system blocket）中的四个通用桥（universal bridge）模块并联构成十二相整流系统。该模块可以很好地仿真十二相整流的过程，体现了电路模型仿真的优越性。

（6）开关和负载模块

开关包括直流和三相交流两种开关，均由电力系统模块库直接得到。

负载包括交流和直流两种负载，可由模块库中的电阻、电感和电压源等构成。空载时，交直流输出均断开，不接任何负载；仿真突然短路时，交、直流输出经开关直接短路。

上述各模块连在一起，就构成双绕组发电机系统完整的电路仿真模型，如图 2-14 所示。

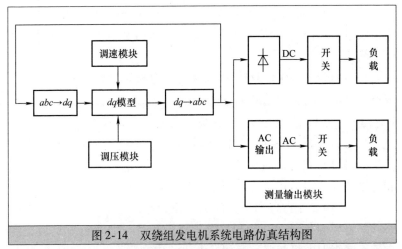

图 2-14　双绕组发电机系统电路仿真结构图

本节所建立的电路仿真模型，没有采用本章初始引入的假设条件，即认为交流绕组与整流绕组各 Y 的互感不等、整流绕组各 Y 之间的互感也不等，所以该模型即为双绕组交直流发电机一般电路仿真模型。若令交流绕组与整流绕组各 Y 的互感相等，整流绕组各 Y 之间的互感也相等（取其平均值），则可得到等互感的电路仿真模型。

应用 Simulink 的封装功能，可以将上述双绕组发电机系统的电路仿真模型集成为一封闭的系统，只要修改相应的参数，就可用该模型仿真相应的双绕组发电机系统。集成的电路模型和测量输出模块如图 2-15 所示。

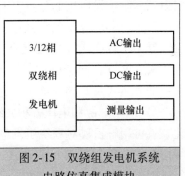

图 2-15　双绕组发电机系统电路仿真集成模块

2.9　本章小结

本章小结如下：

1）引入了两个简化假设：①整流绕组的 4 个 Y 绕组之间互感相等；②整流绕组每个 Y 绕组与交流绕组的互感相等。

2）导出了考虑 q 轴短路绕组、略去 0 轴分量的 dq 坐标系下双绕组发电机的磁链方程和电压方程，并利用所引入的两项假设进行了简化。

3）通过深入揭示 3/12 相双绕组发电机定、转子绕组间耦合关系，导出了相关参数的关系式：$x_{Ad} = kx_{Aad} = k^2 x_{ad}$、$x_{Aq} = kx_{Aaq} = k^2 x_{aq}$、$x_{Afd} = kx_{afd}$、$x_{Akd} = kx_{akd}$、$x_{Afq} = kx_{afq}$、$x_{Akq} = kx_{akq}$。

4）通过将十二相四 Y 绕组等效为一个 Y 绕组，并折算到交流绕组，得出了双绕组发电机简化磁链方程、电压方程、输出功率和电磁转矩的表达式，为解析分析奠定了基础。

5）利用简化方程和参数间的关系，导出了 d、q 轴的等效电路，并将它们与普通三相同步发电机的等效电路进行了比较，建立了双绕组发电机与普通三相发电机的内在联系：从 d、q 轴的等效电路（见图 2-7、图 2-8）上看，双绕组发电机相当于具有两条净漏阻抗并联支路的普通三相发电机。从根本上揭示了双绕组发电机两套绕组间的耦合实质，使三相发电机的有关分析方法可以引申到双绕组发电机的分析中来。

6）利用 d、q 轴的等效电路，结合三相发电机的有关分析方法，导出了双绕组发电机交直流同时短路的运算电抗、超瞬变电抗、瞬变电抗和同步电抗，给出了交直流同时突然短路定子时间常数的表达式及其物理意义和定子开路时转子的时间常数表达式。

7）应用磁链和电压方程，结合适当的端点条件，经过必要简化，就可用解析法对双绕组发电机的各种突然短路过程进行分析，得出有关电磁量的解析表达式，获得规律性的认识。此外通过一定近似，获得双绕组发电机的简明表达式，对于工程运用具有重大意义。

8）应用等效电路，建立双绕组发电机的电路仿真模型，即可利用相关软件（如 Simulink 等）对双绕组发电机的各种运行性能进行仿真研究。其中特别是对于电机的动态过程，如各种对称短路、不对称短路等尤为方便。对 3/12 相双绕组发电机来说，其耦合关系十分复杂，即使经过简化，电压和磁链的基本方程仍然相当繁杂，采用解析法分析较为困难，同时分析过程中需进行一定近似，因此所得结果必然存在误差。而对于仿真来说，只要模型正确并采用适当的算法，就可比较方便地解出特定参数时电磁量的数值解与波形，而不必进行过多的近似简化，避免了繁杂的公式推导并减小了误差。此外电路模型仿真法还可仿真实际电机试验不易进行的各种工况，而不必进行多次破坏性试验。因此，电路模型仿真法是分析双绕组发电机的一种重要的手段。另外，还可采用数值法对双绕组发电机的基本方程直接求解，得到特定参数时电磁量的数值解与波形，但其建模和算法过于复杂，本书不做讨论。

9）解析法和电路模型仿真法各有利弊，在实际应用时，应尽可能两种方法配合使用，既得出简明的表达式，获得规律性认识，又用电路模型仿真法得出特定参数时电磁量的数值解与波形，以便相互检验，确保分析的准确性。当然，各种分析方法得出的结果，都必须经过试验检验。

第3章　交直流同时突然短路
过渡过程分析

本章应用第2章所建立的数学模型，用解析的方法研究了3/12相双绕组发电机交直流同时突然短路的过渡过程，给出了时间常数和短路电流的表达式；详细研究了线路电阻对短路电流的影响；研究了交、直流单独突然短路电流与同时突然短路电流的关系；通过工程样机和模拟样机实机试验检验了理论分析的正确性。

3.1　引言

交直流同时突然短路是双绕组发电机的一种特有的、典型的故障工况，其地位与普通发电机三相突然短路的地位相当。研究该工况的过渡过程特性，可得到交直流侧的最大短路电流及其到达时刻，为发电机及其保护装置的设计和选择提供依据。

3/12相双绕组发电机交直流同时突然短路示意图如图3-1所示，其中十二相整流桥的直流侧短路对其交流侧而言等效于整流绕组所有相的对称短路[21]。因此，3/12相双绕组发电机同时突然短路可等效为交流15个相绕组同时短路。

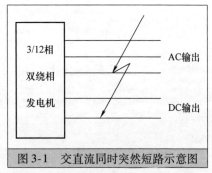

图 3-1　交直流同时突然短路示意图

双绕组发电机交直流同时突然短路后，根据叠加原理，可以认为这相当于在其输出端突加一组与原来大小相等、方向相反的电压。这样可以分别求出短路前的电磁量（电流、磁链、电压等）和突加反电压所引起的电磁量，前者称之为初始量，后者称之为变化量。应用叠加原理，突然短路后的电磁量等于初始量和变化量之和。由于十二相整流直流侧短路电流最大值等于其交流侧短路电流最大值的 3.831 倍[21]，因此得出整流绕组交流侧短路电流的最大值后，即可计算整流绕组直流侧短路电流最大值。

3.2　短路后的基本方程

为了分析方便，作如下假设：突然短路前发电机空载稳态运行，转速为额定值；短路发生在发电机出线端，不考虑线路电阻（考虑线路电阻的情况后面另行研究）；短路后，转速保持不变（$\omega = 1$），励磁电压不加调节（$u_{fd} = u_{fd0}$）。

3.2.1　稳态空载运行

由式（2-29）、式（2-37）可得短路前双绕组发电机稳态空载运行的各电磁量。其中 d、q 轴的稳态电压为

$$\begin{cases} u_{da0} = 0, & u_{qa0} = kE_y = E_A \\ u_{dA0} = 0, & u_{qA0} = E_A \end{cases} \tag{3-1}$$

d、q 轴的稳态磁链为

$$\begin{cases} \psi_{da0} = E_A, & \psi_{qa0} = 0 \\ \psi_{dA0} = E_A, & \psi_{qA0} = 0 \end{cases} \tag{3-2}$$

d、q 轴的稳态电流为

$$\begin{cases} i_{da0} = 0, & i_{qa0} = 0 \\ i_{dA0} = 0, & i_{qA0} = 0 \end{cases} \tag{3-3}$$

式中，E_A、E_y 分别表示交流绕组和整流绕组单 Y 交流侧的空载相电动势，k 的物理意义参见式（2-15）。

由于短路前电机空载稳态运行，所以突加反电压后引起的电流的变化量即为短路后的总电流。

3.2.2　突然短路后的基本方程

直流侧短路相当于交流侧对称短路[21]。

应用叠加原理：在 d、q 电压等效电路上，增加一组与短路前大小相等、方向相反的电压（$u_{da} = -u_{da0} = 0$、$u_{dA} = -u_{dA0} = 0$、$u_{qa} = -u_{qa0} = -E_A 1$、$u_{qA} = -u_{qA0} = -E_A 1$，$1$ 表示单位阶跃函数），且励磁不加调节，由式（2-29）、式（2-37）可得同时突然

短路时的电压方程：

$$\begin{cases} -px_{dM}(p)(i_{da}+i_{dA}) + x_{qM}(p)(i_{qa}+i_{qA}) - (p\Delta x_{la1}+r_a)i_{da} + \Delta x_{la1}i_{qa} = 0 \\ -px_{qM}(p)(i_{qa}+i_{qA}) - x_{dM}(p)(i_{da}+i_{dA}) - (p\Delta x_{la1}+r_a)i_{qa} - \Delta x_{la1}i_{da} = -E_A\mathbf{1} \\ -px_{dM}(p)(i_{da}+i_{dA}) + x_{qM}(p)(i_{qa}+i_{qA}) - (p\Delta x_{lA1}+r_A)i_{dA} + \Delta x_{lA1}i_{qA} = 0 \\ -px_{qM}(p)(i_{qa}+i_{qA}) - x_{dM}(p)(i_{da}+i_{dA}) - (p\Delta x_{lA1}+r_A)i_{qA} - \Delta x_{lA1}i_{dA} = -E_A\mathbf{1} \end{cases}$$

$$(3-4)$$

或

$$\begin{bmatrix} px_{da}(p)+r_a & px_{dM}(p) & -x_{qa}(p) & -x_{qM}(p) \\ x_{da}(p) & x_{dM}(p) & px_{qa}(p)+r_a & px_{qM}(p) \\ px_{dM}(p) & px_{dA}(p)+r_A & -x_{qM}(p) & -x_{qA}(p) \\ x_{dM}(p) & x_{dA}(p) & px_{qM}(p) & px_{qA}(p)+r_A \end{bmatrix} \begin{bmatrix} i_{da} \\ i_{dA} \\ i_{qa} \\ i_{qA} \end{bmatrix} = \begin{bmatrix} 0 \\ E_A\mathbf{1} \\ 0 \\ E_A\mathbf{1} \end{bmatrix}$$

$$(3-5)$$

式中，i_{da}、i_{dA}、i_{qa}、i_{qA} 为突然短路后相应的 d、q 轴电流。

$$x_{da}(p) = x_{dM}(p) + \Delta x_{la1} \quad x_{dA}(p) = x_{dM}(p) + \Delta x_{lA1}$$

$$x_{qa}(p) = x_{qM}(p) + \Delta x_{la1} \quad x_{qA}(p) = x_{qM}(p) + \Delta x_{lA1}$$

其他相关参数的意义见第 2 章。

3.3 定转子短路时间常数

3.3.1 特征方程

同时短路的特征方程，可由上面基本方程式（3-5）得到：

$$M(p) = 0 \tag{3-6}$$

式中，

$$M(p) = \begin{vmatrix} px_{da}(p)+r_a & px_{dM}(p) & -x_{qa}(p) & -x_{qM}(p) \\ x_{da}(p) & x_{dM}(p) & px_{qa}(p)+r_a & px_{qM}(p) \\ px_{dM}(p) & px_{dA}(p)+r_A & -x_{qM}(p) & -x_{qA}(p) \\ x_{dM}(p) & x_{dA}(p) & px_{qM}(p) & px_{qA}(p)+r_A \end{vmatrix}$$

展开后可得，

$$M(p) = -\left\{ \begin{array}{l} S^2 x_{dA1}(p) x_{qA1}(p) \left[\left(p + \dfrac{r_a + r_A}{S} \right)^2 + 1 \right] \cdot \\[2mm] \left[p^2 + p \left(\dfrac{1}{x_{dA1}(p)} + \dfrac{1}{x_{qA1}(p)} \right) R_{Aa} + 1 \right] + \Delta M(p) \end{array} \right\}$$

$$(3-7)$$

式中，

$$\Delta M(p) = S \left[x_{dA1}(p) + x_{qA1}(p) \right] p \left[\begin{array}{l} p(r_a r_A - (r_a + r_A) R_{Aa}) + \\[2mm] \dfrac{r_a r_A (r_a + r_A)}{S} - \dfrac{(r_a + r_A)^2}{S} R_{Aa} \end{array} \right] + $$
$$\left[x_{dA1}(p) + x_{qA1}(p) \right] (r_a \sqrt{\Delta x_A} - r_A \sqrt{\Delta x_a})^2 + (pSR_{Aa} + r_a r_A)^2 + (SR_{Aa})^2$$

$$(3-8)$$

$x_{dA1}(p)$、Δx_a、Δx_A、S、$x_{qA1}(p)$ 的意义见式（2-40）~ 式（2-43），R_{Aa} 见式（2-52），其他参数的意义可参见 2.6 节。

由式（3-7）和式（3-8）可见，双绕组发电机交直流同时突然短路的特征方程为八阶，有八个特征根，它们决定了突然短路后定转子各回路电流衰减的时间常数。转子上有四个回路（fd、kd、fq、kq），相应的有四个负实数根，其负倒数即为转子各回路的短路时间常数（T_d'、T_d''、T_q'、T_q''）；相应于定子回路有两对共轭复根（实部为负实数，虚部近似为 1），实部的负倒数即为相应的定子时间常数（T_{a1}、T_{a2}），其物理意义见 2.6 节。将双绕组发电机的参数代入特征方程式（3-6）进行求解，可得到八个准确的特征根，从而计算出相应的时间常数。但这样只能求得时间常数的数值解，无法得到简明的解析表达式，且求解过程比较繁杂。为了简化上述求解过程并得到简明的表达式，可参照普通三相电机的处理方法，从物理概念上进行近似。

在物理过程上，双绕组发电机交直流同时突然短路与普通电机的三相突然短路类似，短路后定子各回路的电流中将包含相应的非周期分量、基波分量和二次谐波分量。其中非周期分量和二次谐波分量的衰减主要是由定子回路的时间常数决定，而基波分量的衰减主要是由转子各回路的时间常数决定。因此，为简化求解的过程，求定子的时间常数时可以忽略转子各回路的电阻，求转子的时间常数时可以忽略定子各回路的电阻。

3.3.2　定子时间常数

根据前面的分析，求定子的时间常数时，可忽略转子回路的电阻，即 $M(p)$ 中的 $x_{dA1}(p)$、$x_{qA1}(p)$ 用 x''_{dA1}、x''_{qA1} 代入。若再忽略 $\Delta M(p)$，则特征方程可简化为

$$\left[\left(p+\frac{r_a+r_A}{S}\right)^2+1\right]\left[p^2+p\left(\frac{1}{x''_{dA1}}+\frac{1}{x''_{qA1}}\right)R_{Aa}+1\right]=0 \quad (3\text{-}9)$$

由 $\left[p^2+p\left(\dfrac{1}{x''_{dA1}}+\dfrac{1}{x''_{qA1}}\right)R_{Aa}+1\right]=0$ 可求出一对共轭复根：

$$p_{1,2}\approx-\frac{1}{T_{a1}}\pm j$$

由 $\left[\left(p+\dfrac{r_a+r_A}{S}\right)^2+1\right]=0$ 可求出另一对共轭复根：

$$p_{3,4}\approx-\frac{1}{T_{a2}}\pm j$$

所以定子的时间常数为

$$\begin{cases}T_{a1}=\dfrac{2x''_{dA1}x''_{qA1}}{R_{Aa}(x''_{dA1}+x''_{qA1})}\\[4mm]T_{a2}=\dfrac{S}{r_a+r_A}\end{cases} \quad (3\text{-}10)$$

下面分析一下 $\Delta M(p)$。

$\Delta M(p)$ 中的 $x_{dA1}(p)$、$x_{qA1}(p)$ 用 x''_{dA1}、x''_{qA1} 代入，得

$$\Delta M(p)=\left[x''_{dA1}+x''_{qA1}\right]\left\{\begin{array}{l}p[pS(r_ar_AS-(r_a+r_A)R_{Aa})+r_ar_A(r_a+r_A)-\\(r_a+r_A)^2R_{Aa}]+(r_a\sqrt{\Delta x_A}-r_A\sqrt{\Delta x_a})^2+(pSR_{Aa}+\\r_ar_A)^2+(SR_{Aa})^2\end{array}\right\}$$

由式（2-41）、式（2-42）可知，上式为电阻和净漏抗的三阶或四阶小量，均为很小的量，因此可以忽略 $\Delta M(p)$。上面得出的定子时间常数近似表达式，还可通过双绕组发电机的典型参数进行验证。

双绕组工程样机的典型参数见附录 A。

忽略转子回路的电阻，将参数代入 $M(p) = 0$ 的表达式（3-6）中，可解得两对共轭特征根，其实部的负倒数即为定子的两个准确时间常数：

$$T_{a1z} = 5.6022 \times 10^{-2}\ \text{s} \qquad T_{a2z} = 5.8976 \times 10^{-3}\ \text{s}$$

注：下标 z 表示准确值。当然，这里的准确也是相对的。

近似公式（3-10）得出的定子时间常数为

$$T_{a1} = 5.5253 \times 10^{-2}\ \text{s} \qquad T_{a2} = 5.9078 \times 10^{-3}\ \text{s}$$

其相对准确值的误差为

$$\begin{cases} T_{a1} : \left| \dfrac{T_{a1} - T_{a1z}}{T_{a1z}} \times 100\% \right| = 1.37\% \\[4mm] T_{a2} : \left| \dfrac{T_{a2} - T_{a2z}}{T_{a2z}} \times 100\% \right| = 0.15\% \end{cases}$$

可见，由近似公式得出的时间常数表达式，不仅简单明了、物理意义明确，而且准确度较高。定子两个时间常数相差较大，其中 T_{a1} 是 T_{a2} 的 10 倍左右，前者是由短路后 d、q 轴超瞬变电抗的调和平均值 $2 \Big/ \left(\dfrac{1}{x''_{dA1}} + \dfrac{1}{x''_{qA1}} \right)$ 与相应的定子等效电阻 R_{Aa} 决定，数值较大；后者由定子两绕组电阻之和（$r_a + r_A$）与净漏抗之和（$\Delta x_{la1} + \Delta x_{lA1}$）决定，数值较小。可以预见，短路后的定子绕组中，将有两个直流分量和两个二次谐波分量，它们分别按差别很大的两个时间常数衰减；其中时间常数小的一部分衰减非常快，另一部分的衰减相对就较慢。后面将证明交直流同时突然短路电流与较小时间常数有关量的系数很小，而且衰减很快，对最大短路电流的影响很小。因此，求最大短路电流及其到达时刻时，可忽略衰减很快的那一部分，只考虑衰减相对较慢的一部分。

3.3.3　转子时间常数

求转子近似时间常数时可忽略定子电阻，此时由式（3-7）可将特征方程化简为

$$(p^2 + 1)^2 x_{dA1}(p) x_{qA1}(p) = 0$$

由 $x_{dA1}(p) = 0$，$x_{qA1}(p) = 0$ 可得出相应的转子短路时间常数：

$$\begin{cases} T'_d = \dfrac{x'_{dA1}}{x_{dA1}} T'_{do} & T''_d = \dfrac{x''_{dA1}}{x'_{dA1}} T''_{do} \\[3mm] T'_q = \dfrac{x'_{qA1}}{x_{qA1}} T'_{qo} & T''_q = \dfrac{x''_{qA1}}{x'_{qA1}} T''_{qo} \end{cases} \tag{3-11}$$

式中，T'_{do}、T''_{do}、T'_{qo}、T''_{qo} 见式（2-50）。

3.4　短路电流

交直流同时短路后，双绕组发电机 d、q 轴运算电抗分别变为 $x_{dA1}(p)$、$x_{qA1}(p)$，超瞬变和瞬变电抗分别变为 x''_{dA1}、x''_{qA1}、x'_{dA1}、x'_{qA1}。由于出现了漏抗相减的情况，使得超瞬变电抗和净漏抗（Δx_{la1}、Δx_{lA1}）不一定比定子电阻大很多，所以在求短路电流时不可随便忽略掉电阻，至于可以近似到什么程度，需要根据典型双绕组发电机的参数进行计算比较后才能确定。同时还应在工程允许的误差范围内尽可能简化所得结果，使其物理意义明确，符合工程应用，最后再经过试验验证。这样得出的近似表达式，才具有理论和工程的应用价值。本节后面的解析分析就是遵循这样的原则。

3.4.1　短路电流的运算表达式

解前面的方程式（3-5），可得到双绕组发电机 d、q 轴电流的运算表达式：

$$i_{da} = \left[\frac{D_{10}}{x_{dA1}(p) N_0(p)} + \frac{D_{11}}{x_{dA1}(p) H_1(p)} + \frac{D_{12}}{x_{qA1}(p) H_1(p)} + \frac{D_{13}}{x_{dA1}(p) H_0(p)} + \frac{D_{14}}{x_{dA1}(p) x_{qA1}(p) H_0(p)} \right] E_A 1 \tag{3-12}$$

$$i_{dA} = \left[\frac{D_{20}}{x_{dA1}(p) N_0(p)} + \frac{D_{21}}{x_{dA1}(p) H_1(p)} + \frac{D_{22}}{x_{qA1}(p) H_1(p)} + \frac{D_{23}}{x_{dA1}(p) H_0(p)} + \frac{D_{24}}{x_{dA1}(p) x_{qA1}(p) H_0(p)} \right] E_A 1 \tag{3-13}$$

$$i_{qa} = \left[\begin{array}{c} \dfrac{Q_{10}}{x_{qA1}(p)N_1(p)} + \dfrac{Q_{11}}{x_{qA1}(p)H_2(p)} + \dfrac{Q_{13}}{x_{qA1}(p)H_1(p)} + \dfrac{Q_{12}}{x_{dA1}(p)H_0(p)} + \\[3mm] \dfrac{Q_{14}}{x_{dA1}(p)x_{qA1}(p)H_1(p)} + \dfrac{Q_{15}}{x_{dA1}(p)x_{qA1}(p)H_2(p)} + \dfrac{Q_{16}}{x_{dA1}(p)x_{qA1}(p)H_0(p)} \end{array} \right] E_A 1$$

$$(3\text{-}14)$$

$$i_{qA} = \left[\begin{array}{c} \dfrac{Q_{20}}{x_{qA1}(p)N_1(p)} + \dfrac{Q_{21}}{x_{qA1}(p)H_2(p)} + \dfrac{Q_{23}}{x_{qA1}(p)H_1(p)} + \dfrac{Q_{22}}{x_{dA1}(p)H_0(p)} + \\[3mm] \dfrac{Q_{24}}{x_{dA1}(p)x_{qA1}(p)H_1(p)} + \dfrac{Q_{25}}{x_{dA1}(p)x_{qA1}(p)H_2(p)} + \dfrac{Q_{26}}{x_{dA1}(p)x_{qA1}(p)H_0(p)} \end{array} \right] E_A 1$$

$$(3\text{-}15)$$

式中，$x_{dA1}(p)$、$x_{qA1}(p)$ 见式（2-40）、式（2-43），其他符号意义如下：

$$\begin{cases} D_{10} = \dfrac{\Delta x_{lA1}}{S}, \ D_{11} = \dfrac{r_A - \dfrac{r_a + r_A}{S}\Delta x_{lA1}}{S}, \ D_{12} = \dfrac{\Delta x_{la1}r_A - \Delta x_{lA1}r_a}{S^2} \\[6mm] D_{13} = \dfrac{\dfrac{r_A^2 + r_a r_A}{S} - \dfrac{(r_a + r_A)^2}{S^2}\Delta x_{lA1}}{S}, \ D_{14} = \dfrac{\Delta x_a r_A^2 - \Delta x_m r_a r_A}{S^2}, \ \Delta x_m = \sqrt{\Delta x_a \Delta x_A} \end{cases}$$

$$(3\text{-}16)$$

$$\begin{cases} D_{20} = \dfrac{\Delta x_{la1}}{S}, \ D_{21} = -D_{11}, \ D_{22} = -D_{12} \\[4mm] D_{23} = -D_{13}, \ D_{24} = \dfrac{\Delta x_A r_a^2 - \Delta x_m r_a r_A}{S^2} \end{cases}$$

$$(3\text{-}17)$$

$$\begin{cases} Q_{10} = D_{10}, \ Q_{11} = \dfrac{r_A - \dfrac{r_a + r_A}{S}\Delta x_{lA1}}{S}, \ Q_{13} = \dfrac{\dfrac{r_A^2 + r_a r_A}{S} - \dfrac{(r_a + r_A)^2}{S^2}\Delta x_{lA1}}{S} \\[6mm] Q_{12} = \dfrac{\Delta x_{lA1}r_a - \Delta x_{la1}r_A}{S^2}, \ Q_{14} = \dfrac{(\Delta x_A + \Delta x_{lA1})r_a r_A + \Delta x_a r_A^2}{S^2} \\[4mm] Q_{15} = \dfrac{\Delta x_{lA1}}{S}R_{Aa}, \ Q_{16} = \dfrac{\Delta x_A \Delta x_{lA1}r_a + \Delta x_m \Delta x_{la1}r_A r_a r_A^2}{S^2} \end{cases}$$

$$(3\text{-}18)$$

$$\begin{cases} Q_{20} = D_{20}, \ Q_{21} = -Q_{11}, \ Q_{22} = -Q_{12} \\[2mm] Q_{23} = -Q_{13}, \ Q_{24} = \dfrac{(\Delta x_a + \Delta x_{la1})r_a r_A + \Delta x_A r_a^2}{S^2} \\[3mm] Q_{25} = \dfrac{\Delta x_{la1}}{S} R_{Aa}, \ Q_{26} = \dfrac{\Delta x_a \Delta x_{la1} r_A + \Delta x_m \Delta x_{lA1} r_a + r_A r_a^2}{S^2} \end{cases}$$

$$(3\text{-}19)$$

$$\begin{cases} N_0(p) = \left(p + \dfrac{1}{T_{a1}} + j\right)\left(p + \dfrac{1}{T_{a1}} - j\right) \\[4mm] N_1(p) = \dfrac{\left(p + \dfrac{1}{T_{a1}} + j\right)\left(p + \dfrac{1}{T_{a1}} - j\right)}{p} \end{cases}$$

$$(3\text{-}20)$$

$$\begin{cases} H_0(p) = \left(p + \dfrac{1}{T_{a1}} + j\right)\left(p + \dfrac{1}{T_{a1}} - j\right)\left(p + \dfrac{1}{T_{a2}} + j\right)\left(p + \dfrac{1}{T_{a2}} - j\right) \\[4mm] H_1(p) = \dfrac{\left(p + \dfrac{1}{T_{a1}} + j\right)\left(p + \dfrac{1}{T_{a1}} - j\right)\left(p + \dfrac{1}{T_{a2}} + j\right)\left(p + \dfrac{1}{T_{a2}} - j\right)}{p} \\[4mm] H_2(p) = \dfrac{\left(p + \dfrac{1}{T_{a1}} + j\right)\left(p + \dfrac{1}{T_{a1}} - j\right)\left(p + \dfrac{1}{T_{a2}} + j\right)\left(p + \dfrac{1}{T_{a2}} - j\right)}{p^2} \\[4mm] H_3(p) = \dfrac{\left(p + \dfrac{1}{T_{a1}} + j\right)\left(p + \dfrac{1}{T_{a1}} - j\right)\left(p + \dfrac{1}{T_{a2}} + j\right)\left(p + \dfrac{1}{T_{a2}} - j\right)}{p^3} \end{cases}$$

$$(3\text{-}21)$$

3.4.2 运算式的展开

由于同时短路出现了漏抗相减的情况，使得绕组电阻与净漏抗、超瞬变电抗的数值相差不大。所以为了准确求出电流、磁链等物理量，需先考虑含电阻的所有项，利用海氏展开定理，求出以下各运算式的展式式，然后再根据计算和试验结果决定适当的近似展开式。

$$\frac{1}{N_0(p)}1 \ \text{、} \ \frac{1}{N_1(p)}1 \ \text{、} \ \frac{1}{H_0(p)}1 \ \text{、} \ \frac{1}{H_1(p)}1 \ \text{、} \ \frac{1}{H_2(p)}1 \ \text{、} \ \frac{1}{H_3(p)}1$$

$$\frac{1}{x_{dA1}(p)}\mathbf{1}、\frac{1}{x_{qA1}(p)}\mathbf{1}、\frac{1}{x_{dA1}(p)}e^{-\frac{t}{T_d'}}\mathbf{1}、\frac{1}{x_{qA1}(p)}e^{-\frac{t}{T_q'}}\mathbf{1}$$

$$\frac{1}{x_d(p)}e^{-\frac{t}{T_{a1}}}\cos t\mathbf{1}、\frac{1}{x_q(p)}e^{-\frac{t}{T_{a1}}}\cos t\mathbf{1}、\frac{1}{x_d(p)}e^{-\frac{t}{T_{a1}}}\sin t\mathbf{1}、\frac{1}{x_q(p)}e^{-\frac{t}{T_{a1}}}\sin t\mathbf{1}$$

$$\frac{1}{x_{dA1}(p)N_0(p)}\mathbf{1}、\frac{1}{x_{qA1}(p)N_0(p)}\mathbf{1}、\frac{1}{x_{dA1}(p)N_1(p)}\mathbf{1}、\frac{1}{x_{qA1}(p)N_1(p)}\mathbf{1}$$

$$\frac{1}{x_{dA1}(p)H_0(p)}\mathbf{1}、\frac{1}{x_{qA1}(p)H_0(p)}\mathbf{1}、\frac{1}{x_{dA1}(p)H_1(p)}\mathbf{1}、\frac{1}{x_{qA1}(p)H_1(p)}\mathbf{1}$$

$$\frac{1}{x_{dA1}(p)H_2(p)}\mathbf{1}、\frac{1}{x_{qA1}(p)H_2(p)}\mathbf{1}、\frac{1}{x_{dA1}(p)H_3(p)}\mathbf{1}、\frac{1}{x_{qA1}(p)H_3(p)}\mathbf{1}$$

$$\frac{1}{x_{dA1}(p)x_{qA1}(p)}\mathbf{1}、\frac{1}{x_{dA1}(p)x_{qA1}(p)H_0(p)}\mathbf{1}、\frac{1}{x_{dA1}(p)x_{qA1}(p)H_1(p)}\mathbf{1}$$

$$\frac{1}{x_{dA1}(p)x_{qA1}(p)H_2(p)}\mathbf{1}、\frac{1}{x_{dA1}(p)x_{qA1}(p)H_3(p)}\mathbf{1}$$

说明：上述各运算式的展开式比较繁杂，具体可参见附录B。

3.4.3 短路电流表达式

1. 交流绕组的短路电流

（1）交流绕组短路电流的准确表达式

将前面得出的短路电流运算表达式（3-13）、式（3-15）展开，并转化至 *abc* 坐标系统[5]，可得交流绕组 A 相短路电流表达式：

$$i_A = i_{dA}\cos(\theta-\alpha) - i_{qA}\sin(\theta-\alpha) \tag{3-22}$$

式中，α 的意义见图 2-1。

用（$\theta-120°$）、（$\theta+120°$）置换式（3-22）中的 θ，可得 B、C 相电流表达式。

以上是在解方程时，计及所有含定子绕组电阻项所得到的短路电流，称之为准确表达式，相应的短路电流波形称之为准确波形。当然，这里的"准确"是相对的。本书已将有关短路电流的公式制成 Mathcad 文件，详见附录B。后续的计算均采用该程序，不再说明。

当双绕组发电机 $\theta_0 = \alpha$（工程样机 $\alpha = 67.5°$，即 1.1781rad），额定电压工况下短路时，交流绕组 A 相短路电流的准确波形（计算所得波形）如图 3-2 所示。

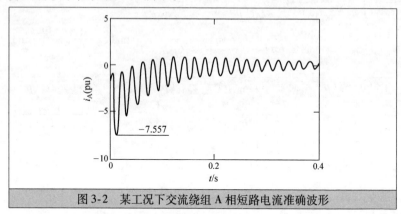

图 3-2　某工况下交流绕组 A 相短路电流准确波形

（2）交流绕组短路电流的近似表达式

准确表达式得出的交流绕组短路电流虽然比较准确，但相当复杂，工程上不易应用。下面对式（3-13）、式（3-15）进行近似，以得出简明实用的表达式。

通过分析电流运算式（3-13）、式（3-15）中各系数可知（以 i_{dA} 为例），D_{20} 不含电阻，D_{21} 和 D_{22} 含电阻的一阶量，D_{23} 和 D_{24} 含电阻的二阶量，显然 D_{23} 和 D_{24} 比 D_{21} 和 D_{22} 小，而 D_{21} 和 D_{22} 又比 D_{20} 小得多。D_{21}、D_{22} 是含电阻一阶量的同阶小量之差，应是很小的量，电流表达式中含 D_{21}、D_{22} 项的展开式含有按 T_{a1} 和 T_{a2} 衰减的直流分量和交流分量，但其数值很小，而且按 T_{a2} 衰减的分量衰减得非常快，所以 D_{21}、D_{22} 可以忽略。按工程样机典型参数计算得

$$D_{20} \approx 0.668, \ D_{21} \approx 0.027, \ D_{22} \approx 0.027, \ D_{23} \approx 0.0146, \ D_{24} \approx 0.00026$$

$$\text{（3-23）}$$

可见，D_{20} 比其他系数大很多，可以忽略 D_{21}、D_{22}、D_{23} 和 D_{24} 各项，即忽略掉电阻的各阶小量（因为交流绕组的电阻很小，$r_A = 0.87 \text{m}\Omega$），以便得出简明、实用的表达式。同理，对 i_{qA} 也可进行类似处理。于是可得交流绕组 d、q 轴短路电流的实用近似运算式：

$$\begin{cases} i_{dA\sim} = \left[\dfrac{D_{20}}{x_{dA1}(p)N_0(p)} \right] E_A \mathbf{1} \\[4mm] i_{qA\sim} = \left[\dfrac{Q_{20}}{x_{qA1}(p)N_1(p)} \right] E_A \mathbf{1} \end{cases} \qquad (3\text{-}24)$$

由此可得交流绕组 A 相电流近似表达式：

$$i_{A\sim} = i_{dA\sim}\cos(\theta-\alpha) - i_{qA\sim}\sin(\theta-\alpha) \qquad (3\text{-}25)$$

式（3-25）称之为交流短路电流的近似表达式，相应的短路电流波形称之为近似波形。

当 $\theta_0 = \alpha$，额定电压工况下短路时，工程样机交流绕组 A 相短路电流近似波形如图 3-3 所示。

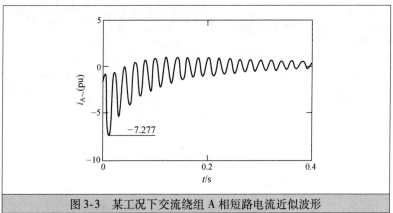

图 3-3　某工况下交流绕组 A 相短路电流近似波形

将双绕组发电机短路电流准确波形（见图 3-2）与其近似波形（见图 3-3）进行比较。其最大值分别为

准确值：$i_{Amax} = 7.557$，近似值：$i_{A\sim max} = 7.277$

误差：$\dfrac{7.557 - 7.277}{7.557} \times 100\% \approx 3.71\%$

到达最大值的时刻：两种表达式所得最大值的时刻均略大于 π（10.2ms）。

所以，可以用式（3-25）近似表示双绕组发电机交流绕组 A 相的短路相电流，用 $(\theta-120°)$、$(\theta+120°)$ 置换式（3-25）中的 θ，得到 B、C 相短路电流的近似表达式。

（3）交流绕组短路电流的简明表达式

式（3-25）的展开式仍比较复杂，为此需进一步进行简化。在式（3-25）的展开式中，令 $1/T_{a1} \approx 0$，可得短路电流非常简明的近似表达式：

$$
\begin{cases}
i_{dA\approx} = D_{20}\left[\dfrac{1}{x_{dA1}(p)} - \dfrac{1}{x''_{dA1}}\mathrm{e}^{-\frac{t}{T_{a1}}}\cos t \right]E_A \mathbf{1} \\
i_{qA\approx} = D_{20}\left[\dfrac{1}{x''_{qA1}}\mathrm{e}^{-\frac{t}{T_{a1}}}\sin t \right]E_A \mathbf{1}
\end{cases}
\tag{3-26}
$$

$$
\begin{aligned}
i_{A\approx} &= i_{dA\approx}\cos(\theta - \alpha) - i_{qA\approx}\sin(\theta - \alpha) \\
&= D_{20}\left\{ \left[\left(\frac{1}{x''_{dA1}} - \frac{1}{x'_{dA1}}\right)\mathrm{e}^{-\frac{t}{T''_d}} + \left(\frac{1}{x'_{dA1}} - \frac{1}{x_{dA1}}\right)\mathrm{e}^{-\frac{t}{T'_d}} + \frac{1}{x_{dA1}} \right]\cos(\theta - \alpha) \right. \\
&\quad \left. - \frac{1}{2}\left(\frac{1}{x''_{dA1}} + \frac{1}{x''_{qA1}}\right)\mathrm{e}^{-\frac{t}{T_{a1}}}\cdot\cos(\theta_0 - \alpha) - \frac{1}{2}\left(\frac{1}{x''_{dA1}} - \frac{1}{x''_{qA1}}\right)\mathrm{e}^{-\frac{t}{T_{a1}}}\cos(2t + \theta_0 - \alpha) \right\}E_A \mathbf{1}
\end{aligned}
\tag{3-27}
$$

式（3-27）称之为交流短路电流的简明表达式，相应的波形称之为简明波形。

由此可得 $t = \pi$、$\theta_0 = \alpha$ 时短路电流最大值（绝对值）的表达式：

$$
i_{A\max} = D_{20}\left(\left(\frac{1}{x''_{dA1}} - \frac{1}{x'_{dA1}}\right)\mathrm{e}^{-\frac{\pi}{T''_d}} + \left(\frac{1}{x'_{dA1}} - \frac{1}{x_{dA1}}\right)\mathrm{e}^{-\frac{\pi}{T'_d}} + \frac{1}{x_{dA1}} + \frac{1}{x''_{dA1}}\mathrm{e}^{-\frac{\pi}{T_{a1}}} \right)E_A
\tag{3-28}
$$

当 $\theta_0 = \alpha$，额定电压工况下短路时，用式（3-27）计算的工程样机 A 相短路电流波形如图 3-4 所示。

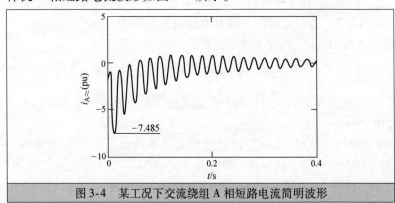

图 3-4　某工况下交流绕组 A 相短路电流简明波形

将短路电流准确波形（见图 3-2）与短路电流简明波形（见图 3-4）相比较。其最大值分别为

准确值：$i_{Amax} = 7.557$，简明值：$i_{A \approx max} = 7.485$

误差：$\dfrac{7.557 - 7.485}{7.557} \times 100\% \approx 1.0\%$

短路电流到达最大值的时刻：

准确值：$t_p = 3.2 \text{rad}(10.2 \text{ms})$，简明值：$t_p = 3.14 \text{rad}(10 \text{ms})$

误差：$\dfrac{3.2 - 3.14}{3.2} \times 100\% = 1.9\%$

可见，短路电流的准确表达式可以得到较准确的交流绕组短路电流最大值及其到达时刻；近似和简明表达式所得结果与准确表达式相差较小，可以用来近似估算短路电流的最大值；短路电流到达最大值的时刻可近似认为等于 π（即 10ms），试验和仿真证明了本结论的正确性。

2. 整流绕组交流侧短路电流

（1）整流绕组交流侧短路电流的准确表达式

由式（3-12）、式（3-14）得

$$i_{a1} = \frac{k}{4}(i_{da}\cos\theta - i_{qa}\sin\theta) \tag{3-29}$$

式中，系数 $k/4$ 是根据第 2 章的等效、折算关系得到的，i_{a1} 表示实际的 a_1 相短路电流，以下同。全部整流绕组 a_j 相电流表达式：

$$i_{aj} = \frac{k}{4}\left[i_{da}\cos(\theta - (j-1)15°) - i_{qa}\sin(\theta - (j-1)15°)\right], \quad (j = \overline{1,4})$$
$$\tag{3-30}$$

用 $(\theta - 120°)$、$(\theta + 120°)$ 置换式（3-30）中的 θ，可得 b_j、c_j 相电流表达式。式（3-30）是解方程得出的表达式，称之为准确表达式，相应的波形称之为准确波形。当 $\theta_0 = 0°$，额定电压工况下短路时，工程样机 a_1 相的短路电流准确波形（计算所得）如图 3-5 所示。

（2）整流绕组交流侧短路电流的近似表达式

整流绕组的电阻较大（$r_y = 1.942 \text{m}\Omega$）。计算表明，为了得出较准确的短路电流，整流绕组交流侧短路电流必须考虑电阻的一

阶量，即需要计及 D_{11}、D_{12}、Q_{11}、Q_{12}、Q_{15} 的各项（参见 3. 4. 1 节），因 Q_{15} 通常很小，例如，工程样机的 $Q_{15} = 0.0028$，比 $Q_{11} = -0.027$、$Q_{12} = -0.027$、$D_{11} = 0.027$、$D_{12} = 0.027$ 小得多，可略去 Q_{15} 的项。

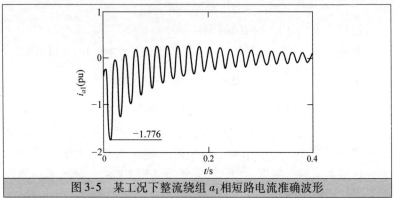

图 3-5　某工况下整流绕组 a_1 相短路电流准确波形

由式（3-12）、式（3-14）可得整流绕组短路电流的近似表达式：

$$
\begin{cases}
i_{da\sim} = \left[\dfrac{D_{10}}{x_{dA1}(p)N_0(p)} + \dfrac{D_{11}}{x_{dA1}(p)H_1(p)} + \dfrac{D_{12}}{x_{qA1}(p)H_1(p)} \right] E_{A}\mathbf{1} \\[4mm]
i_{qa\sim} = \left[\dfrac{Q_{10}}{x_{qA1}(p)N_1(p)} + \dfrac{Q_{11}}{x_{qA1}(p)H_2(p)} + \dfrac{Q_{12}}{x_{dA1}(p)H_0(p)} \right] E_{A}\mathbf{1}
\end{cases}
$$

$$(3-31)$$

则整流绕组 a_1 相短路电流的近似表达式为

$$i_{a1\sim} = \frac{k}{4}(i_{da\sim}\cos\theta - i_{qa\sim}\sin\theta) \qquad (3-32)$$

全部整流绕组 a_j 相电流的近似表达式为

$$i_{aj} = \frac{k}{4}\left[i_{da\sim}\cos(\theta - (j-1)15°) - i_{qa\sim}\sin(\theta - (j-1)15°) \right],\ (j = \overline{1,4})$$

$$(3-33)$$

用（$\theta - 120°$）、（$\theta + 120°$）置换式（3-33）中的 θ，可得 b_j、c_j 相电流表达式。式（3-33）为整流绕组短路电流的近似表达式，相应的波形称之为近似波形。

当 $\theta_0 = 0°$，额定电压工况下短路时，工程样机 a_1 相的短路电流近似波形如图 3-6 所示。将双绕组发电机整流绕组的短路电流准确波形（见图 3-5）与其近似波形（见图 3-6）进行比较。

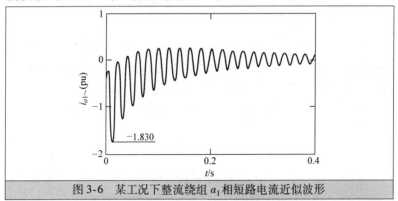

图 3-6　某工况下整流绕组 a_1 相短路电流近似波形

a_1 相最大电流准确值：$i_{a\max} = 1.776$，达到最大值的时刻：$t_p = 3.11\text{rad}(9.9\text{ms})$

a_1 相最大电流近似值：$i_{a\sim\max} = 1.830$，达到最大值的时刻：$t_p = 3.11\text{rad}(9.9\text{ms})$

最大电流误差为 $\dfrac{1.830 - 1.776}{1.776} \times 100\% = 3.0\%$

到达最大值的时刻基本一致，均为 $t_p = 3.11\text{rad}$（9.9ms）

（3）整流绕组短路电流的简明表达式

为了得出适合工程应用的短路电流简明表达式，同交流绕组的分析一样，忽略电阻的各阶量，并令 $\dfrac{1}{T_{a1}} \approx 0$，由式（3-31）可得整流绕组短路电流的简明表达式：

$$\begin{cases} i_{da\approx} = D_{10}\left[\dfrac{1}{x_{dA1}(p)} - \dfrac{1}{x''_{dA1}}\mathrm{e}^{-\frac{t}{T_{a1}}}\cos t\right]E_A \mathbf{1} \\[3mm] i_{qa\approx} = D_{10}\left[\dfrac{1}{x''_{qA1}}\mathrm{e}^{-\frac{t}{T_{a1}}}\sin t\right]E_A \mathbf{1} \end{cases} \tag{3-34}$$

$$i_{a1\approx} = D_{10}\left\{\begin{array}{l}\left[\left(\dfrac{1}{x''_{dA1}} - \dfrac{1}{x'_{dA1}}\right)\mathrm{e}^{-\frac{t}{T''_d}} + \left(\dfrac{1}{x'_{dA1}} - \dfrac{1}{x_{dA1}}\right)\mathrm{e}^{-\frac{t}{T'_d}} + \dfrac{1}{x_{dA1}}\right]\cos\theta \\[3mm] -\dfrac{1}{2}\left(\dfrac{1}{x''_{dA1}} - \dfrac{1}{x''_{qA1}}\right)\mathrm{e}^{-\frac{t}{T_{a1}}}\cdot\cos\theta_0 - \dfrac{1}{2}\left(\dfrac{1}{x''_{dA1}} - \dfrac{1}{x''_{qA1}}\right)\mathrm{e}^{-\frac{t}{T_{a1}}}\cos(2t + \theta_0)\end{array}\right\}\dfrac{k}{4}E_A \mathbf{1}$$

$$\tag{3-35}$$

则全部整流绕组 a_j 相电流的简明表达式为

$$i_{aj} = \frac{k}{4}\left[i_{da\approx}\cos(\theta - (j-1)15°) - i_{qa\approx}\sin(\theta - (j-1)15°) \right], (j = \overline{1,4})$$

(3-36)

用 $(\theta - 120°)$、$(\theta + 120°)$ 置换式（3-36）中的 θ，可得 b_j、c_j 相电流表达式。式（3-36）是对近似表达式作进一步简化后得到的，称之为简明表达式，相应的波形称之为简明波形。

工程样机 a_1 相短路电流的简明波形（$\theta_0 = 0°$，额定电压工况下短路）如图 3-7 所示。

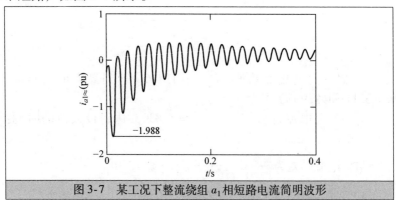

图 3-7　某工况下整流绕组 a_1 相短路电流简明波形

由式（3-35）可得短路电流的最大值为

$$i_{a1\approx max} = \frac{kD_{10}}{4}\left(\left(\frac{1}{x''_{dA1}} - \frac{1}{x'_{dA1}} \right)e^{-\frac{\pi}{T'_d}} + \left(\frac{1}{x'_{dA1}} - \frac{1}{x_{dA1}} \right)e^{-\frac{\pi}{T_d}} + \frac{1}{x_{dA1}} + \frac{1}{x''_{dA1}}e^{-\frac{\pi}{T_{a1}}} \right)E_A$$

(3-37)

将双绕组发电机整流绕组的短路电流准确波形（见图 3-5）与其简明波形（见图 3-7）进行比较。

a_1 相最大电流准确值：$i_{amax} = 1.776$，达到最大值的时刻：$t_p = 3.11\text{rad}(9.9\text{ms})$

a_1 相最大电流简明值：$i_{a\approx max} = 1.988$，达到最大值的时刻：$t_p = 3.14\text{rad}(10\text{ms})$

最大电流误差：$\dfrac{1.988 - 1.776}{1.776} \times 100\% = 11.9\%$

到达时刻误差：$\dfrac{3.14 - 3.11}{3.11} \times 100\% = 1.0\%$

可见，由整流绕组短路电流的准确表达式可以得到较准确的整流绕组交流侧短路电流最大值及其到达时刻；近似表达式所得结果与准确表达式相差很小，可以用来近似估算短路电流的最大值；而简明表达式与准确表达式所得结果相差略大（11.9%），可用来粗略估计短路电流最大值，到达最大值的时刻可以近似认为等于 π（即 10ms）。试验和仿真证明了本结论的正确性。

3. 说明

由上述分析可见，交流绕组最大短路电流的简明值比近似值更接近于准确值；而整流绕组则相反，整流绕组交流侧最大短路电流的近似值比简明值更接近于准确值。对此解释如下：

对于具有典型参数的双绕组发电机（非典型参数的不一定具有这种关系），由式（3-23）可知，D_{20}、D_{21}、D_{22}、D_{23}、D_{24} 均大于 0。交流绕组短路电流的近似表达式（3-25）是略去了式（3-12）和式（3-14）中系数与电阻相关的项，其中 d 轴分量是最主要的，d 轴分量略去了含 D_{21}、D_{22}、D_{23}、D_{24} 的项，使其近似值小于准确值；而在由近似表达式化为简明表达式时，展开 $\dfrac{1}{N_0(p)}\mathbf{1}$，令 $\dfrac{1}{T_{a1}} \approx 0$，反而使简明表达式的值较近似表达式的值略有增加，更接近于准确值。式（3-24）中的 $\dfrac{1}{N_0(p)}\mathbf{1}$ 展开式为 $\dfrac{1}{\left(\dfrac{1}{T_{a1}}\right)^2+1}\left[1-e^{-\frac{t}{T_{a1}}}\left(\cos t+\dfrac{1}{T_{a1}}\sin t\right)\right]\mathbf{1}$，

可见，令 $\dfrac{1}{T_{a1}} \approx 0$（工程样机的 $T_{a1}=17.6$）使其略有增加。所以，交流绕组的最大短路电流简明值更接近于准确值。

整流绕组的情况恰恰相反，由准确表达式化为近似表达式（由式（3-12），D_{11}、D_{12}、D_{13}、D_{14} 均小于 0，D_{10} 大于 0，略去 D_{11}、D_{12} 的项）时有所增加；由近似值化为简明值时再略去 D_{13}、D_{14} 的项，使其进一步增加，并且同交流绕组一样，令 $\dfrac{1}{T_{a1}} \approx 0$ 使交流绕组短路电流简明表达式又略有增加，从而使整流绕组交流侧最大短路电流的简明值偏大，其误差比近似值误差更大。

4. 整流绕组直流侧短路电流

双绕组发电机直流侧短路电流最大值与短路时刻关系不

大[21]，所以可对 $\theta_0 = \alpha$ 进行计算和仿真，求出直流侧短路电流最大值，此时交流绕组 A 相短路电流也可取得最大值。

相对于前面得出的准确、近似、简明短路电流表达式，利用参考文献［21］的结论，可得与直流侧短路电流最大值相应的三种表达式：

准确表达式：$i_{dc\max} = 3.831 i_{a\max}$，$i_{a\max}$ 为由式（3-29）所得最大短路相电流。

近似表达式：$i_{dc\sim\max} = 3.831 i_{a\sim\max}$，$i_{a\sim\max}$ 为由式（3-32）所得最大短路相电流。

简明表达式：$i_{dc\approx\max} = 3.831 i_{a\approx\max}$，$i_{a\approx\max}$ 为由式（3-35）所得最大短路相电流。

到达最大值的时刻均可认为近似等于 π（即 10ms）。

空载、额定电压下短路时，上述各表达式所得结果为

$$i_{dc\max} = 6.804$$

$$i_{dc\sim\max} = 7.010$$

$$i_{dc\approx\max} = 7.616$$

根据 3.4.3 节"整流绕组交流侧短路电流"的分析，可得到以下结论：

整流绕组直流侧短路电流的准确表达式可以得到较准确的直流侧短路电流最大值及其到达时刻；近似表达式所得结果与准确表达式相差很小，可以用来近似计算短路电流的最大值；简明表达式与准确表达式所得结果相差较大（11.9%），可用来粗略估计短路电流最大值，到达最大值的时刻可以近似认为等于 π（即 10ms），试验和仿真证明了本结论的正确性。

注意，以上的分析是在不考虑线路电阻的情况下进行的。下面讨论线路电阻对短路电流的影响。

3.5　线路电阻对短路电流的影响

3.5.1　交流侧线路电阻的影响

对于普通三相电机来说，线路阻抗仅影响短路电流的大小，

而且由于线路阻抗通常非常小，所以对短路电流的影响也是很小的。但双绕组发电机的情况却不同，根据前面的等效电路（见图 2-7 和图 2-8）可知，交直流同时突然短路后，交流绕组和整流绕组相当于两净漏阻抗支路并联，所以短路电流的分配与各自电阻和净漏抗关系极为密切，线路阻抗不仅影响短路电流的大小，而且也影响短路电流的分配。如果增加一套绕组的线路阻抗，就会使短路电流的分配发生较大的变化，线路阻抗增加的一套绕组的短路电流明显下降，而另一套绕组的短路电流则明显上升。直流侧线路电阻对电流的影响尤为突出，因为直流侧线路电阻折算到整流绕组交流侧（作为交流绕组等效的电阻）大约需乘以系数 2.43，即大约相当于实际直流侧线路电阻的两倍半，关于这一点后面将给出证明。

　　下面通过计算检验前面的分析，通常线路电感很小，故这里只考虑线路电阻（r_{ly}、r_{lA}）的影响。计算结果见表 3-1，用标幺值表示。

表 3-1　交流侧线路电阻对计算电流的影响

r_{ly} (pu)	r_{lA} (pu)	i_{Amax} (pu)	$i_{A\sim max}$ (pu)	$i_{A\approx max}$ (pu)	i_{a1max} (pu)	$i_{a1\sim max}$ (pu)	$i_{a1\approx max}$ (pu)
0	0.00263	7.206	7.168	7.352	1.882	1.887	1.952
0	0.00526	6.883	7.076	7.252	1.980	1.935	1.926
0	0.00789	6.579	6.986	7.156	2.071	1.973	1.900
0.00526	0	7.745	7.208	7.396	1.633	1.747	1.964
0.0105	0	7.915	7.156	7.339	1.506	1.682	1.949
0.0158	0	8.062	7.104	7.283	1.393	1.631	1.934
0.00526	0.00263	7.408	7.116	7.296	1.736	1.780	1.937
0.0105	0.00526	7.269	6.975	7.143	1.697	1.771	1.897
0.0158	0.00789	7.131	6.837	6.700	1.661	1.741	1.858

　　注：表中 r_{ly}、r_{lA} 分别表示整流绕组交流侧和交流绕组的每相线路电阻。

　　可见，线路电阻对短路电流大小及其分配都有相当影响，而且线路电阻较大时会导致短路电流近似、简明公式的计算结果产生严重误差，这一点在试验、计算时应特别注意。

3.5.2　直流侧线路电阻的影响

1. 直流侧电流

研究直流侧线路电阻对短路电流的影响，需将直流侧线路电阻折算到整流绕组交流侧。下面进行折算。

对三相整流桥来说，任一瞬间直流侧电流都等于某一相电流或其负值[6,21]。对于十二相四 Y 整流系统来说，短路时每个 Y 的三相电流都连续，且四 Y 的中点不相连，则四个整流桥输出直流电流之和等于直流侧短路电流，且每个整流桥的输出电流都等于其某一相电流或其负值，其相量图如图 3-8 所示，i_{dc} 等于图 3-8 中24 个瞬时电流中四个不同电流之和，如图 3-9 所示。根据图 3-9不难理解，这四个瞬时电流必然是彼此相差 15° 的相电流。因此可求得

$$i_{dc} = i_{x1} + i_{x2} + i_{x3} + i_{x4} \tag{3-38}$$

不妨设稳态时各整流绕组电流为

$$\begin{cases} i_{x1} = I\cos(\gamma + 15°) \\ i_{x2} = I\cos(\gamma) \\ i_{x3} = I\cos(\gamma - 15°) \\ i_{x4} = I\cos(\gamma - 30°) \end{cases} \tag{3-39}$$

式中，$0° \leqslant \gamma \leqslant 15°$，$I$ 表示相电流幅值。

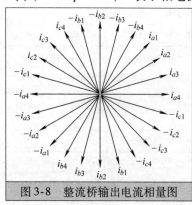

图 3-8　整流桥输出电流相量图

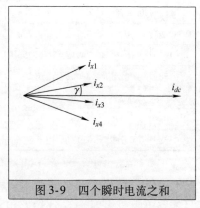

图 3-9　四个瞬时电流之和

因有

$$\cos(\gamma + 15°) + \cos(\gamma) + \cos(\gamma - 15°) + \cos(\gamma - 30°)$$
$$= 4\cos15°\cos7.5°\cos(\gamma - 7.5°)$$

故可得

$$i_{dc} = 4\cos15°\cos7.5°\cos(\gamma - 7.5°)I$$
$$= 3.831\cos(\gamma - 7.5°)I \tag{3-40}$$

即直流侧电流最大值为

$$i_{dc\max} \approx 3.831I$$

直流侧电流平均值为

$$I_{dc} = 4\cos15°\cos7.5°\frac{24\sin7.5°}{\pi}I$$

$$= \frac{12}{\pi}I \approx 3.82I \tag{3-41}$$

2. 直流侧电阻折算

（1）三相整流桥短路时直流侧电阻折算

图 3-10 表示三相整流桥短路时直流侧电阻折算示意图。

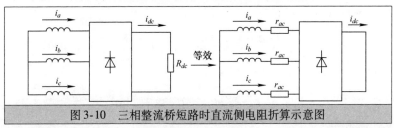

图 3-10   三相整流桥短路时直流侧电阻折算示意图

如图 3-10 所示，假设直流侧电阻为 R_{dc}，折算到交流侧后电阻为 r_{ac}，以直流侧稳态短路为例，直流侧短路电流的平均值为

$$I_{dc} = \frac{6}{\pi}\int_0^{\frac{\pi}{6}} I \cdot \cos\omega t \cdot d\omega t = \frac{3}{\pi}I \tag{3-42}$$

式中，I 为相电流幅值。

根据功率平衡原则：

$$\frac{3}{2}I^2 r_{ac} = \left[\frac{6}{\pi}\int_0^{\frac{\pi}{6}} (I\cos\omega t)^2 d\omega t\right]R_{dc} = \left(\frac{1}{2} + \frac{3\sqrt{3}}{4\pi}\right)I^2 R_{dc}$$

$$\tag{3-43}$$

得

$$r_{ac} = \left(\frac{1}{3} + \frac{\sqrt{3}}{2\pi} \right) R_{dc} \approx 0.609 R_{dc} \qquad (3\text{-}44)$$

或由 $\frac{3}{2} I^2 r_{ac} = I_{dc}^2 R_{dc} = \left(\frac{3}{\pi} \right)^2 I^2 R_{dc}$ 可得

$$r_{ac} = \frac{6}{\pi^2} R_{dc} \approx 0.608 R_{dc} \qquad (3\text{-}45)$$

（2）十二相整流桥短路时直流侧电阻折算

对于十二相四 Y 整流系统，根据式（3-40），应用功率平衡原则有

$$\frac{12}{2} I^2 r_{ac} = I^2 (4\cos 15°\cos 7.5°)^2 \left(\frac{24}{\pi} \int_0^{7.5°} \cos^2(\gamma - 7.5°) \mathrm{d}\gamma \right) R_{dc}$$

$$= 16\cos^2 15°\cos^2 7.5° \left(\frac{1}{2} + \frac{6}{\pi}\sin 15° \right) I^2 R_{dc} \qquad (3\text{-}46)$$

可得

$$r_{ac} \approx 2.432 R_{dc} \qquad (3\text{-}47)$$

或由式（3-45）有

$$\frac{12}{2} I^2 r_{ac} = I_{dc}^2 R_{dc} = \left(\frac{12}{\pi} \right)^2 I^2 R_{dc}$$

求得

$$r_{ac} = \frac{24}{\pi^2} R_{dc} \approx 2.432 R_{dc} \qquad (3\text{-}48)$$

由上述计算可知，折算后电阻约为直流侧电阻的 2.43 倍，与试验得到的经验公式 $r_{ac} = 2.4 R_{dc}$ 近似[76]，证明了以上推导的正确性。

因此，直流侧线路电阻对交直流同时突然短路电流的影响相当大，在计算、仿真和试验时必须注意这一点。

3.5.3 线路电阻对交直流同时短路电流影响的仿真研究

通过解析计算分析了线路电阻对短路电流的影响，从中可以看出，线路电阻，尤其是直流侧线路电阻对短路电流有较大影响（因为十二相整流直流侧的线路电阻折算到相应的交流侧，需乘以

系数 2.43，即相当于增大为原来直流侧线路电阻的 2.43 倍）。下面通过电路模型的仿真进一步检验其影响。

工程样机，$U_{AB} = 1.225$，交流侧线路电阻（r_{ac}）分别为 0.00263、0.00526、0.00789 时，改变直流侧线路电阻（R_{dc}），对交直流同时突然短路电流最大值进行仿真计算，结果分别见表 3-2、表 3-3 和表 3-4。

另外，若将直流侧线路电阻乘以 2.43 加到整流绕组交流侧（作为其交流侧相电阻），则所得结果与在直流侧直接接入线路电阻所得的结果基本一致，从而验证了本书前面所导出的折算关系（见式（3-48））。

表 3-2　$r_{ac} = 0.00263$，短路电流最大值

R_{dc}（pu）	交流侧短路电流（pu）	直流侧短路电流（pu）
0.00263	7.692	6.689
0.00526	7.883	6.283
0.00789	8.075	5.542

表 3-3　$r_{ac} = 0.00526$，短路电流最大值

R_{dc}（pu）	交流侧短路电流（pu）	直流侧短路电流（pu）
0.00263	7.645	6.713
0.00526	7.836	6.307
0.00789	8.003	5.853

表 3-4　$r_{ac} = 0.00789$，短路电流最大值

R_{dc}（pu）	交流侧短路电流（pu）	直流侧短路电流（pu）
0.00263	7.621	6.737
0.00526	7.764	5.996
0.00789	7.979	5.877

由表 3-2、表 3-3 和表 3-4 可见，交流侧线路电阻在一定范围内变化时，对交、直流侧短路电流没有显著影响（随着交流侧线路电阻的增加，交流侧电流略有减小，直流侧电流略有增大）；而

直流侧线路电阻则对交、直流侧短路电流的分配有显著的影响，随着直流侧线路电阻的增加，交流侧电流增大，直流侧电流更是明显减小。这与分析的结论相一致。

3.6 交直流同时短路电流与交流、直流单独短路电流的关系

双绕组发电机有交流和整流两套绕组。在实际工作中，交流侧和直流侧既可同时工作，也可单独工作。相对于交直流同时短路来说，交流、直流单独短路的概率高得多，所以必须全面研究这三种短路的特点，找出其短路电流的相互关系，以便为发电机及保护装置的设计和选择提供可靠的依据。

3.6.1 交流侧短路电流关系

三相短路电流的最大值为[7,62,81]

$$i'_{Amax} = \left(\left(\frac{1}{x''_{dA}} - \frac{1}{x'_{dA}} \right) e^{-\frac{\pi}{T''_{dA}}} + \left(\frac{1}{x'_{dA}} - \frac{1}{x_{dA}} \right) e^{-\frac{\pi}{T'_{dA}}} + \frac{1}{x_{dA}} + \frac{1}{x''_{dA}} e^{-\frac{\pi}{T_A}} \right) E_A$$

(3-49)

由式（3-28），交、直流同时突然短路交流侧短路电流的最大值为

$$i_{Amax} = D_{20} \left[\left(\frac{1}{x''_{dA1}} - \frac{1}{x'_{dA1}} \right) e^{-\frac{\pi}{T''_d}} + \left(\frac{1}{x'_{dA1}} - \frac{1}{x_{dA1}} \right) e^{-\frac{\pi}{T'_d}} + \frac{1}{x_{dA1}} + \frac{1}{x''_{dA1}} e^{-\frac{\pi}{T_{a1}}} \right] E_A$$

(3-50)

式中，$D_{20} = \dfrac{\Delta x_{la1}}{S} = \dfrac{\Delta x_{la1}}{\Delta x_{la1} + \Delta x_{lA1}}$，$D_{20} < 1$

通常，Δx_{la1}、Δx_{lA1} 均大于 0，$x''_{dA1} \approx x''_{dA}$，$x'_{dA1} \approx x'_{dA}$，$x_{dA1} \approx x_{dA}$，$T''_{dA} \approx T''_d$，$T'_{dA} \approx T'_d$，$T_A \approx T_{a1}$，所以

$$i_{Amax} < i'_{Amax}$$

(3-51)

式（3-51）说明，在同一空载电压下，交直流同时突然短路的交流侧短路电流最大值比单纯的交流侧三相突然短路时的短路电流最大值要小，而到达最大电流的时刻均近似等于 π(10ms)。这个结论对双绕组发电机交流侧保护装置的设计有重要意义。

下面给出工程样机在空载、额定电压下突然短路的计算结果（不考虑线路电阻），以进一步说明上述结论。

三相单独短路

由式（3-49），计算短路电流最大值：$i'_{Amax} = 10.320$

达到电流最大值的时刻：　　$t'_p = \pi(10ms)$

同时突然短路交流侧

由式（3-27），计算交流侧短路电流最大值：　$i_{Amax} = 7.557$

达到电流最大值的时刻：　　$t_p = 3.2(10.2ms)$

显然，

$$i_{Amax} < i'_{Amax}$$

所以，对于具有典型参数的双绕组发电机（例如工程样机），可得如下关系：

$$i_{Amax} \approx 0.75 i'_{Amax} \tag{3-52}$$

3.6.2　直流侧短路电流关系

有文献给出了单纯十二相整流直流侧突然短路电流的计算表达式[21]，对应的交流侧相电流（以 a_1 为例）为

$$i'_{a1} = \left\{ \begin{array}{l} \left[\left(\dfrac{1}{x''_d} - \dfrac{1}{x'_d} \right) e^{-\frac{t}{T''_{d-}}} + \left(\dfrac{1}{x'_d} - \dfrac{1}{x_d} \right) e^{-\frac{t}{T'_{d-}}} + \dfrac{1}{x_d} \right] \cos\theta \\[4mm] - \dfrac{1}{2} \left(\dfrac{1}{x''_d} - \dfrac{1}{x''_q} \right) e^{-\frac{t}{T_a}} \cdot \cos\theta_0 - \dfrac{1}{2} \left(\dfrac{1}{x''_d} + \dfrac{1}{x''_q} \right) e^{-\frac{t}{T_a}} \cos(2t + \theta_0) \end{array} \right\} E_y 1 \tag{3-53}$$

式中，x''_d、x'_d、x_d 都是整流绕组等效 Y 绕组的参数，T'_{d-}、T''_{d-} 为对应于单纯直流侧短路时的转子时间常数，

$$T_a = \frac{1}{r_y} \frac{2x''_d x''_q}{(x''_d + x''_q)} \tag{3-54}$$

$t = \pi$、$\theta_0 = 0°$ 时，由式（3-53）可得整流绕组交流侧最大短路电流为

$$i'_{a1max} = \left[\left(\frac{1}{x''_d} - \frac{1}{x'_d} \right) e^{-\frac{\pi}{T''_{d-}}} + \left(\frac{1}{x'_d} - \frac{1}{x_d} \right) e^{-\frac{\pi}{T'_{d-}}} + \frac{1}{x_d} + \frac{1}{x''_d} e^{-\frac{\pi}{T_a}} \right] E_y \tag{3-55}$$

由式（3-37）可知，交、直流同时短路时整流绕组交流侧相电流最大值为

$$i_{a1\max} = \frac{k}{4}D_{10}\left[\left(\frac{1}{x''_{dA1}} - \frac{1}{x'_{dA1}}\right)e^{-\frac{\pi}{T''_d}} + \left(\frac{1}{x'_{dA1}} - \frac{1}{x_{dA1}}\right)e^{-\frac{\pi}{T'_d}} + \frac{1}{x_{dA1}} + \frac{1}{x''_{dA1}}e^{-\frac{\pi}{T_{a1}}}\right]E_A$$

$$(3\text{-}56)$$

下面比较式（3-55）和式（3-56）。

由式（3-16）可知：

$$D_{10} = \frac{\Delta x_{lA1}}{S} = \frac{\Delta x_{lA1}}{\Delta x_{la1} + \Delta x_{lA1}} \qquad (3\text{-}57)$$

由式（3-1）可知：

$$E_A = kE_y \qquad (3\text{-}58)$$

由（2-36）、式（2-40）和式（2-41）可知：

$$x_{dA1}(p) = x_{da}(p) - \Delta x_a = \frac{k^2}{4}x_d(p) - \Delta x_a \qquad (3\text{-}59)$$

通常，Δx_a 很小，可认为

$$x_{dA1}(p) \approx \frac{k^2}{4}x_d(p) \qquad (3\text{-}60)$$

所以可得

$$x''_{dA1} \approx \frac{k^2}{4}x''_d, \quad x'_{dA1} \approx \frac{k^2}{4}x'_d, \quad x_{dA1} \approx \frac{k^2}{4}x_d \qquad (3\text{-}61)$$

$$T_{a1} \approx T_a, \quad T''_d \approx T''_{d_-}, \quad T'_d \approx T'_{d_-} \qquad (3\text{-}62)$$

将式（3-58）～式（3-62）代入式（3-56），可得

$$i_{a1\max} = D_{10}\left[\left(\frac{1}{x''_d} - \frac{1}{x'_d}\right)e^{-\frac{\pi}{T''_{d_-}}} + \left(\frac{1}{x'_d} - \frac{1}{x_d}\right)e^{-\frac{\pi}{T'_{d_-}}} + \frac{1}{x_d} + \frac{1}{x''_d}e^{-\frac{\pi}{T_a}}\right]E_y$$

$$(3\text{-}63)$$

其中 $D_{10} < 1$，所以有

$$i_{a1\max} < i'_{a1\max} \qquad (3\text{-}64)$$

从而有

$$i_{dc\max} < i'_{dc\max} \qquad (3\text{-}65)$$

式中，$i_{dc\max}$、$i'_{dc\max}$ 分别为交直流同时突然短路和直流侧单独短路的直流侧最大短路电流。

由以上分析可得，同一空载电压下，交直流同时突然短路的直流侧最大短路电流比单纯直流侧突然短路的最大短路电流要小。

这个结论对双绕组发电机直流侧保护装置的设计有重要意义。

下面给出工程样机在空载、额定电压下突然短路的计算结果（不考虑线路电阻），以进一步说明上述结论。

直流侧单独短路

直流侧最大短路电流： $i'_{dcmax} = 16.077$

最大短路电流到达时刻： $t'_p = 3.14(10\text{ms})$

同时突然短路直流侧

直流侧最大短路电流： $i_{dc\,max} = 6.804$

最大短路电流到达时刻： $t_p = 3.11(9.9\text{ms})$

显然有

$$i_{dcmax} < i'_{dcmax}$$

对于具有典型参数的双绕组发电机，例如工程样机，有如下关系：

$$i_{dcmax} \approx 0.43 i'_{dcmax}$$

本节的结论解释如下：由等效电路图（见图 2-7、图 2-8）可见，交直流同时突然短路相当于两套绕组并联短路（两条净漏阻抗支路并联），共同分担短路电流，显然这时每套绕组的短路电流小于各套绕组单独短路的电流（同一励磁电压下）。

3.7 交直流同时突然短路的电磁转矩

交直流同时突然短路是双绕组发电机典型的一种突然短路工况，其突然短路的过渡过程分析是相当复杂的。前文我们利用3/12 相双绕组发电机的简化数学模型，用解析分析的方法研究了交直流同时突然短路的短路电流，得到了短路电流和磁链的解析式。从理论上看，突然短路后的电磁转矩已经可以由式（2-57）计算出来了，但由于短路电流和磁链的解析式很繁杂，所得电磁转矩解析式非常复杂，而且物理意义不明确，在工程中很难应用，所以必须进行相应简化。

根据普通三相电机与双绕组电机的内在联系（见2.6节），利用三相电机突然短路电磁转矩的计算方法，通过适当的近似，可以导出3/12 相双绕组发电机交直流同时突然短路电磁转矩的简明解析式，并通过进一步近似得到最大电磁转矩的简单估算公式。

同时，利用电路模型仿真的方法研究交直流同时突然短路的电磁转矩，并将其结果与解析分析进行了对比。

最后，通过模拟样机试验检验解析分析和仿真的准确性。

假定短路前为空载稳态，短路后励磁不加调节，且电机转速保持同步转速。

从 d、q 等效电路（见图 2-7、图 2-8）上看，双绕组发电机相当于具有两条净漏阻抗并联支路的普通三相发电机（等效三相电机）。这样，三相同步发电机电磁转矩的分析方法便可以引申到双绕组发电机中来。

同三相电机的分析方法一样，交直流同时突然短路电磁转矩也分为交变转矩和平均转矩。

3.7.1 交变转矩

求交变转矩时，可按等效三相电机（其等效电路见图 2-7、图 2-8）进行计算。

由参考文献 [3，12，23，72]，三相同步发电机计算突然短路后的交变转矩时，可以忽略定转子回路的电阻（只考虑衰减）。将这一原则应用到双绕组发电机中，根据参考文献 [6，18] 所得短路电流的表达式，忽略定转子回路的电阻（只考虑衰减），可得到相应的简明短路电流表达式。

交流绕组短路电流简明表达式为

$$i_{dA\approx} = D_{20}\left[\frac{1}{x_{dA1}(p)} - \frac{1}{x''_{dA1}}e^{-\frac{t}{T_{a1}}}\cos t\right]E_A\mathbf{1} \qquad (3\text{-}66)$$

$$i_{qA\approx} = D_{20}\left[\frac{1}{x''_{qA1}}e^{-\frac{t}{T_{a1}}}\sin t\right]E_A\mathbf{1} \qquad (3\text{-}67)$$

整流绕组短路电流简明表达式为

$$i_{da\approx} = D_{10}\left[\frac{1}{x_{dA1}(p)} - \frac{1}{x''_{dA1}}e^{-\frac{t}{T_{a1}}}\cos t\right]E_A\mathbf{1} \qquad (3\text{-}68)$$

$$i_{qa\approx} = D_{10}\left[\frac{1}{x''_{qA1}}e^{-\frac{t}{T_{a1}}}\sin t\right]E_A\mathbf{1} \qquad (3\text{-}69)$$

式中，$D_{10} = \dfrac{\Delta x_{lA1}}{\Delta x_{la1} + \Delta x_{lA1}}$，$D_{20} = \dfrac{\Delta x_{la1}}{\Delta x_{la1} + \Delta x_{lA1}}$，其他参数的意义见

参考文献 [6, 18]。

3/12 相双绕组发电机等效电路所示的等效三相同步发电机，其 d、q 轴短路电流由式(3-66)～式(3-69)可得

$$i_{dM} = i_{dA\approx} + i_{da\approx} = \left[\frac{1}{x_{dA1}(p)} - \frac{1}{x''_{dA1}}e^{-\frac{t}{T_{a1}}}\cos t\right]E_A\mathbf{1} \quad (3-70)$$

$$i_{qM} = i_{qA\approx} + i_{qa\approx} = \left[\frac{1}{x''_{qA1}}e^{-\frac{t}{T_{a1}}}\sin t\right]E_A\mathbf{1} \quad (3-71)$$

根据参考文献 [6, 18]，等效三相同步发电机磁链方程（$t \geq 0$）为

$$\psi_{dA} = \psi_{da} = E_A e^{-\frac{t}{T_{a1}}}\cos t \quad (3-72)$$

$$\psi_{qA} = \psi_{qa} = -E_A e^{-\frac{t}{T_{a1}}}\sin t \quad (3-73)$$

根据三相电机电磁转矩的计算公式（$M = i_q\psi_d - i_d\psi_q$），可得交直流同时突然短路的交变电磁转矩：

$$\begin{aligned}
M_{ad\sim} &= (i_{qA}\psi_{dA} - i_{dA}\psi_{qA}) + (i_{qa}\psi_{da} - i_{da}\psi_{qa}) \\
&= i_{qM}\psi_{dA} - i_{dM}\psi_{qA} \\
&= \left[\left(\frac{1}{x''_{dA1}} - \frac{1}{x'_{dA1}}\right)e^{-\frac{t}{T''_d}} + \left(\frac{1}{x'_{dA1}} - \frac{1}{x_{dA1}}\right)e^{-\frac{t}{T'_d}} + \frac{1}{x_{dA1}}\right] \\
&\quad E_A^2 e^{-\frac{t}{T_{a1}}}\sin t - \frac{1}{2}\left(\frac{1}{x''_{dA1}} - \frac{1}{x''_{qA1}}\right)E_A^2 e^{-\frac{2t}{T_{a1}}}\sin 2t \quad (3-74)
\end{aligned}$$

3.7.2 平均转矩

三相电机突然短路后的平均电磁转矩等于定转子回路中交变电流引起的电阻损耗之和[3,23]，这一概念应用到双绕组发电机中来，可得到交直流同时突然短路的平均电磁转矩。

1. 方法一

等效电路图 2-7、图 2-8 所示的等效三相同步发电机中，两净漏阻抗支路并联的等效电阻为 R_{Aa}[6]，短路电流见式（3-70）、式（3-71）。根据参考文献 [3, 23]，可得交直流同时突然短路的平均电磁转矩 M_{adav}：

$$M_{adav} = (|i_{s1}|^2 + |i_{s2}|^2)R_{Aa} + \frac{1}{2}(|I_{d1}|^2 R_d + |I_{q1}|^2 R_q) \quad (3-75)$$

式中，

$$|i_{s1}|^2 = \left[\left(\frac{1}{x''_{dA1}} - \frac{1}{x'_{dA1}}\right)e^{-\frac{t}{T''_d}} + \left(\frac{1}{x'_{dA1}} - \frac{1}{x_{dA1}}\right)e^{-\frac{t}{T'_d}} + \frac{1}{x_{dA1}}\right]^2 E_A^2$$

$$(3-76)$$

$$|i_{s2}|^2 = \left[\frac{1}{2}\left(\frac{1}{x''_{dA1}} - \frac{1}{x''_{qA1}}\right)e^{-\frac{t}{T_{a1}}}\right]^2 E_A^2 \qquad (3-77)$$

$$I_{d1} = \frac{E_A}{x''_{dA1}}e^{-\frac{t}{T_{a1}}} \qquad (3-78)$$

$$I_{q1} = \frac{E_A}{x''_{qA1}}e^{-\frac{t}{T_{a1}}} \qquad (3-79)$$

$$R_d = x''_{dA1}\left(\frac{1}{T'_d} + \frac{1}{T''_d} - \frac{1}{T'_{d0}} - \frac{1}{T''_{d0}}\right) \qquad (3-80)$$

$$R_q = x''_{qA1}\left(\frac{1}{T'_q} + \frac{1}{T''_q} - \frac{1}{T'_{q0}} - \frac{1}{T''_{q0}}\right) \qquad (3-81)$$

2. 方法二

定子回路中交变电流引起的电阻损耗还可通过分别计算交流绕组和整流绕组相应的电阻损耗，再将它们相加得到。

交流绕组的交变电流可由式（3-66）和式（3-67）得到，电阻为 r_A，相应的交变电流电阻损耗为

$$D_{20}^2\left[\left(\frac{1}{x''_{dA1}} - \frac{1}{x'_{dA1}}\right)e^{\frac{-t}{T''_d}} + \left(\frac{1}{x'_{dA1}} - \frac{1}{x_{dA1}}\right)e^{\frac{-t}{T'_d}} + \frac{1}{x_{dA1}}\right]^2 E_A^2 r_A$$

$$+ D_{20}^2\left[\frac{1}{2}\left(\frac{1}{x''_{dA1}} - \frac{1}{x''_{qA1}}\right)e^{\frac{-t}{T_{a1}}}\right]^2 E_A^2 r_A \qquad (3-82)$$

整流绕组的交变电流可由式（3-68）和式（3-69）得到，电阻为 r_a，相应的交变电流电阻损耗为

$$D_{10}^2\left[\left(\frac{1}{x''_{dA1}} - \frac{1}{x'_{dA1}}\right)e^{\frac{-t}{T''_d}} + \left(\frac{1}{x'_{dA1}} - \frac{1}{x_{dA1}}\right)e^{\frac{-t}{T'_d}} + \frac{1}{x_{dA1}}\right]^2 E_A^2 r_a$$

$$+ D_{10}^2\left[\frac{1}{2}\left(\frac{1}{x''_{dA1}} - \frac{1}{x''_{qA1}}\right)e^{\frac{-t}{T_{a1}}}\right]^2 E_A^2 r_a \qquad (3-83)$$

式（3-82）与式（3-83）相加可得到定子回路中交变电流引起的总损耗：

$$(|i_{s1}|^2 + |i_{s2}|^2)R_{Aa} \qquad (3-84)$$

转子回路交变电流的电阻损耗同式（3-75）中的

$$\frac{1}{2}(\, |I_{d1}|^2 R_d + |I_{q1}|^2 R_q)$$　　　　　(3-85)

式（3-84）与式（3-85）相加，可得交、直流同时突然短路的平均电磁转矩（定转子回路交变电流的电阻损耗）为

$$M_{adav} = (\, |i_{s1}|^2 + |i_{s2}|^2)R_{Aa} + \frac{1}{2}(\, |I_{d1}|^2 R_d + |I_{q1}|^2 R_q)$$

(3-86)

式（3-86）即式（3-75）。

3.7.3　总电磁转矩

由式（3-74）和式（3-86），可得交、直流同时突然短路的电磁转矩 M_{ad} 为

$$M_{ad} = M_{ad\sim} + M_{adav}$$　　　　　(3-87)

3.7.4　最大转矩估算

上面得出的交变转矩、平均转矩以及总的电磁转矩的计算式，虽然是在进行了很大简化的基础上得来的，但相对于工程运用来说仍然过于复杂，很难应用。为了得到适合工程应用的非常简明的计算式，下面再进行合理的近似。

1. 交变转矩最大转矩估算简明式

通常，突然短路后极短的时间内（约 1/4 周期）交变转矩就达到最大值，这时可以考虑忽略衰减，以近似估算最大交变转矩。由式（3-74），忽略衰减可得

$$M_{ad\sim max} = M_{ad\sim} \, |_{\, t=t_m} = \beta \frac{E_A^2}{x''_{dA1}}$$　　　　　(3-88)

式中，

$$t_m = \arccos\left[\frac{1}{4(1-\gamma)} \mp \frac{1}{2}\sqrt{\frac{1}{4(1-\gamma)^2} + 2} \right], \quad \begin{bmatrix} \gamma < 1 : - \\ \gamma > 1 : + \end{bmatrix}$$

$$\beta = \sin t_m - \frac{1}{2}(1-\gamma)\sin 2t_m$$

$$\gamma = \frac{x''_{dA1}}{x''_{qA1}}$$

相应的 γ、t_m、β 值计算见表 3-5。

表 3-5 γ、t_m、β 计算值表

γ	0	0.25	0.5	0.7	0.8	0.9	1	1.1	1.2	1.3
t_m	120°	116.6°	111.5°	105.1°	100.7°	95.6°	90°	84.4°	79.3°	75.0°
β	1.30	1.20	1.10	1.04	1.02	1.01	1.00	1.01	1.02	1.04

对于 x''_{dA1}、x''_{qA1} 相差不大的电机（该条件通常可以满足），可得非常简明的最大交变转矩估算式为

$$M_{ad\sim max} = \frac{E_A^2}{x''_{dA1}} \tag{3-89}$$

可见，该计算式相当简明，对于工程应用非常合适。

2. 最大平均转矩估算简明式

同上面的分析一样，为了近似估算平均转矩最大值，可以忽略衰减，并令 $x''_{dA1} \approx x''_{qA1}$，可得

$$|i_{s1}|^2 = \left(\frac{E_A}{x''_{dA1}}\right)^2 \tag{3-90}$$

$$|i_{s2}| = 0 \tag{3-91}$$

$$I_{d1} = \frac{E_A}{x''_{dA1}} \tag{3-92}$$

$$I_{q1} = \frac{E_A}{x''_{qA1}} \tag{3-93}$$

另外，通常 $T''_d \ll T'_d$，$T''_q \ll T'_q$，$T''_{d0} \ll T'_{d0}$，$T''_{q0} \ll T'_{q0}$，所以对于转子等效电阻还可近似为

$$R_d = x''_{dA1}\left(\frac{1}{T''_d} - \frac{1}{T''_{d0}}\right) \tag{3-94}$$

$$R_q = x''_{qA1}\left(\frac{1}{T''_q} - \frac{1}{T''_{q0}}\right) \tag{3-95}$$

将式（3-90）～式（3-95）代入平均转矩计算式（3-86），可得简明的最大平均转矩估算式为

$$M_{adavmax} = |i_{s1}|^2 R_{Aa} + \frac{1}{2}\left(|I_{d1}|^2 R_d + |I_{q1}|^2 R_q\right) \tag{3-96}$$

3. 最大转矩估算式

将式（3-89）和式（3-96）相加，可得最大转矩的粗略估算式：

$$M_{ad\max} = M_{ad\sim\max} + M_{adav\max} \tag{3-97}$$

式中，$M_{ad\sim\max}$ 和 $M_{adav\max}$ 的表达式分别为式（3-89）和式（3-96）。

3.8　突然短路工况下的仿真与试验

应用第 2 章所建立的一般电路仿真模型，可对 3/12 相双绕组发电机工程样机和模拟样机（参数见附录 A）各种突然短路工况进行仿真，将仿真和解析计算的结果与试验的结果进行比较，以检验所建模型的准确性。除特别注明者外，工程样机的量均用标幺值。

3.8.1　交流三相突然短路的仿真与试验研究

假定突然短路发生在空载稳态工况下。

1. 工程样机

工程样机交流侧单独三相突然短路（$U_{AB} = 0.345$、0.691，空载稳态工况下），试验、仿真和解析计算结果见表 3-6。$U_{AB} = 0.691$ 时的电流仿真波形和实测波形如图 3-11 所示。

表 3-6　工程样机交流侧三相突然短路工况下最大短路电流

U_{AB}(pu)	最大短路电流(pu)			误差(%)		起始角(°)
	试验	仿真	解析	仿真	解析	
0.345	3.129	2.891	2.843	7.6	9.1	-20
0.691	6.116	5.757	5.686	5.9	7.0	-18

从表 3-6 和图 3-11 可见，仿真结果和实际波形非常接近，短路电流最大值的误差较小，到达最大值的时刻也很接近，均在 10ms 附近。

$U_{AB} = 0.345$，起始角 $\theta_0 = -20°$，空载稳态三相突然短路的实测波形和仿真波形也是如此（略）。

2. 模拟样机

模拟样机交流侧单独三相突然短路（$U_{AB} = 50V$、$60V$、$65V$，空载稳态工况下），试验、仿真和解析计算结果见表 3-7。U_{AB} = 65V 时模拟样机的电流电路仿真波形和实测波形如图 3-12 所示，其他波形略。

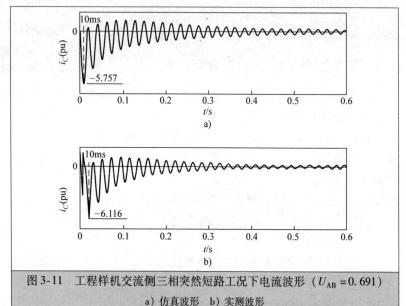

图 3-11 工程样机交流侧三相突然短路工况下电流波形（U_{AB} = 0.691）

a）仿真波形 b）实测波形

表 3-7 模拟样机交流侧三相突然短路工况下最大短路电流

U_{AB}/V	最大短路电流/A			误差（%）		起始角（°）
	试验	仿真	解析	仿真	解析	
50	37.0	35.7	36.9	3.5	0.3	-3.75
60	43.0	42.8	43.4	0.5	1.0	-10
65	46.6	46.3	48.4	0.6	3.9	-1.5

由表 3-7 可见，仿真和解析计算结果的误差都很小；从图 3-12可见，实测波形和仿真波形非常接近，短路电流最大值的误差较小，到达最大值的时刻也很接近，均在 10ms 附近。这说明所建立双绕组发电机系统的一般电路仿真模型的交流部分是准确的。

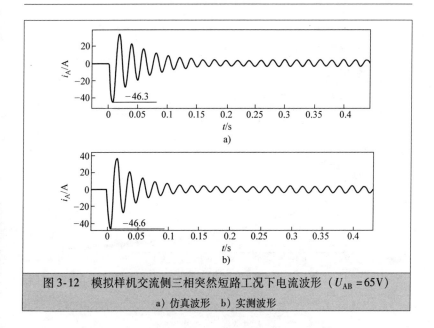

图 3-12 模拟样机交流侧三相突然短路工况下电流波形（$U_{AB} = 65V$）

a）仿真波形 b）实测波形

3.8.2 直流侧突然短路仿真与试验研究

同前面一样，假定短路发生在空载稳态情况下。

1. 工程样机

工程样机直流侧单独突然短路（$U_{dc} = 0.151$、0.314，空载稳态工况下），试验、仿真和解析计算结果见表 3-8。$U_{dc} = 0.314$ 时的电流电路仿真波形和实测波形如图 3-13 所示。

表 3-8　工程样机直流侧突然短路工况下最大短路电流

U_{dc}（pu）	最大短路电流（pu）			误差（%）	
	试验	仿真	解析	仿真	解析
0.151	2.437	2.365	2.293	3.0	5.9
0.314	5.136	4.969	4.730	3.3	7.9

从表 3-8 和图 3-13 可见，实测和仿真结果非常接近，短路电流最大值的误差较小，到达最大值的时刻也很接近，均在 10ms 附近。

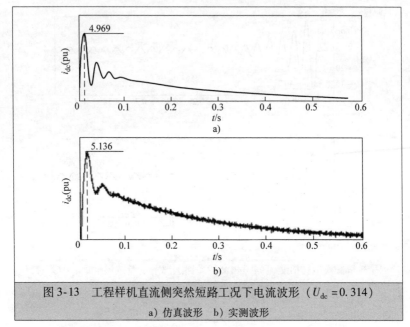

图 3-13　工程样机直流侧突然短路工况下电流波形（$U_{dc} = 0.314$）

a）仿真波形　b）实测波形

2. 模拟样机

模拟样机直流侧单独突然短路（$U_{dc} = 38.5V$、$52.2V$、$63.5V$，空载稳态工况下），试验、仿真和解析计算结果见表 3-9。$U_{dc} = 38.5V$ 时的电流实测波形和电路仿真波形如图 3-14 所示。

表 3-9　模拟样机直流侧突然短路工况下最大短路电流

U_{AB}/V	U_{dc}/V	最大短路电流/A			误差（%）	
		试验	仿真	解析	仿真	解析
100	63.5	196.2	211.2	213.5	7.6	8.8
81	52.2	160.0	173.2	172.9	8.3	8.1
60	38.5	123.0	127.0	128.1	3.3	4.1

由表 3-9 可见，仿真和解析计算结果的误差均在工程允许的范围内；从图 3-14 可见，实测波形和仿真波形比较接近，短路电流最大值的误差较小，到达最大值的时刻也很接近，均在 10ms 附近。

这说明所建双绕组发电机系统的一般电路仿真模型的十二相整流部分是准确的。

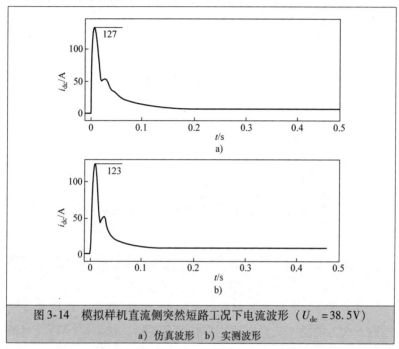

图 3-14　模拟样机直流侧突然短路工况下电流波形（$U_{dc} = 38.5V$）

a）仿真波形　b）实测波形

3.8.3　交直流同时突然短路仿真与试验研究

同前面一样，假定短路发生在空载稳态情况下。

为了验证理论分析的正确性和检验参数的准确性，对双绕组工程样机和模拟样机进行了交直流同时突然短路试验。其中除特别注明外，工程样机的量均用标幺值。

1. 工程样机

仿真条件：双绕组工程样机由同步电动机拖动（额定转速），励磁方式为他励，交直流侧均空载稳态运行，$U_{AB} = 0.471$（直流侧线路电阻约为 0.0092，交流侧线路电阻为 0.0039）。工程样机交、直流同时突然短路仿真波形如图 3-15 所示。

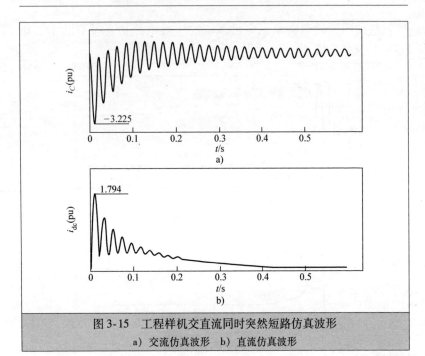

图 3-15　工程样机交直流同时突然短路仿真波形
a) 交流仿真波形　　b) 直流仿真波形

试验条件：双绕组工程样机由同步电动机拖动（额定转速），励磁方式为他励，交直流侧均空载稳态运行，$U_{AB} = 0.471$（直流侧线路电阻约为 0.0092，交流侧线路电阻为 0.0039）。

利用计算机高速数据采集系统，通过霍尔传感器采集短路电流、电压的实时波形，$U_{AB} = 0.471$ 时交直流同时突然短路的试验和计算结果见表 3-10，实测波形如图 3-16 所示。

由图 3-15 和图 3-16 可见，两者很接近，交流电流最大值的误差约为 8.8%，直流电流最大值的误差约为 6.5%，且到达最大值时刻在 10ms 附近。

表 3-10　工程样机交直流同时突然短路试验和计算结果

U_{AB}(pu)	U_{dc}(pu)	最大短路电流(pu)						交流起始角(°)
		交流侧			直流侧			
		计算	实测	误差(%)	计算	实测	误差(%)	
0.471	0.298	3.153	3.536	10.8	1.873	1.684	11.2	3.6

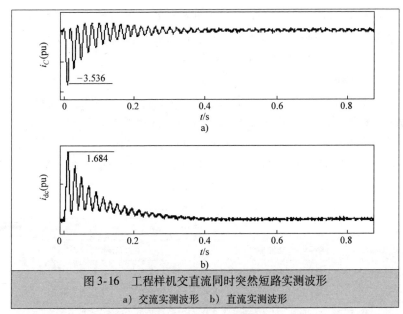

图 3-16 工程样机交直流同时突然短路实测波形
a) 交流实测波形 b) 直流实测波形

由表 3-10 可见，理论计算值（准确表达式所得结果）与实测值的误差略大于 10%，其主要原因是参数有误差、线路电阻测量有误差等。

说明：表 3-10 中的最大电流理论计算值，是用准确表达式（3-22）、式（3-29）计算所得；若用近似公式（3-25）和式（3-32）、简明式（3-28）和式（3-37）进行计算，则误差更大。采用近似公式计算所得交、直流最大短路电流分别为 2.652 和 2.332，采用简明公式计算所得交、直流最大短路电流分别为 2.747 和 2.771。显然近似公式和简明公式得到的结果误差很大，其原因是，考虑线路电阻后，相当于绕组电阻增加了，而近似公式和简明公式是在忽略全部或部分电阻的情况下得到的，根据 3.5 节的分析，线路电阻的增加必然会带来较大的误差。

可见，近似公式和简明公式只可用于下列情况下：对具有典型参数的双绕组发电机（其绕组电阻较小，例如工程样机），在不考虑线路电阻的情况下，可近似计算短路电流最大值；在绕组电阻较大的情况下，例如双绕组发电机模拟样机，近似公式和简明公式不再适用，只能用准确公式进行计算。下面的模拟样机计算结果就是用准确公式计算所得，近似公式和简明公式的计算误差大于30%，已不能再使用。

2. 模拟样机

模拟样机在空载稳态下交、直流同时突然短路电流的试验、仿真和解析计算结果见表3-11。其中，试验条件为双绕组模拟样机由直流电动机拖动（额定转速），励磁方式为他励，在空载稳态下交直流同时突然短路；利用计算机高速数据采集系统，通过霍尔传感器采集短路电流、电压的实时波形。

表 3-11　模拟样机交直流同时突然短路试验和计算结果

$U_{AB}/$ V	$U_{dc}/$ V	最大短路电流/A										交流起始角（°）
		交流侧					直流侧					
		实测	仿真	解析	误差（%）		实测	仿真	解析	误差（%）		
					仿真	解析				仿真	解析	
60	38.5	26.8	26.4	24.4	1.5	9.0	101.7	100.9	105.5	0.8	3.7	2.25
70	44.8	31.6	30.1	28.8	4.7	8.9	122.0	118.9	124.0	2.5	1.6	5.75
80	51.3	32.6	31.2	30.1	4.3	7.7	136.1	137.3	138.5	0.9	1.8	40.5

$U_{AB} = 60\text{V}$、$U_{dc} = 38.5\text{V}$ 时电流的电路仿真波形如图 3-17 所示。

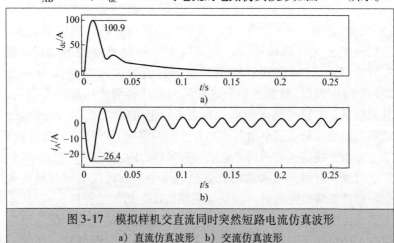

图 3-17　模拟样机交直流同时突然短路电流仿真波形
a）直流仿真波形　b）交流仿真波形

$U_{AB} = 60V$，$U_{dc} = 38.5V$ 时的突然短路电流实测波形如图 3-18 所示。

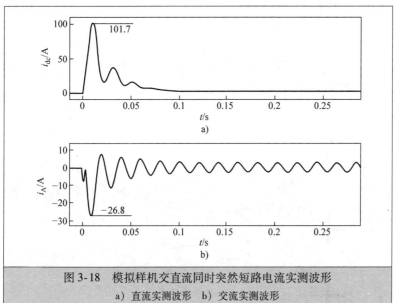

图 3-18　模拟样机交直流同时突然短路电流实测波形
a）直流实测波形　b）交流实测波形

由表 3-11 可见，仿真的结果误差较小，解析计算的结果误差略大（但基本上在工程允许范围内）。从图 3-17 和图 3-18 可见，实测波形和仿真波形比较接近，短路电流最大值的误差较小，到达最大值的时刻也很接近，交流侧、直流侧均在 10ms 附近。

比较以上工程样机和模拟样机的试验、仿真和计算结果，可见交直流同时突然短路的交流侧和直流侧最大短路电流分别小于交流侧或直流侧单独突然短路的最大短路电流。这与前面的分析结论一致。

由本节分析可见，理论分析与试验吻合得较好，说明本书的解析分析是准确的。

3.8.4　电磁转矩的仿真与试验

1. 电磁转矩仿真模块

应用 2.8 节建立的仿真模型进行交直流同时突然短路仿真，转矩仿真模块如图 3-19 所示。

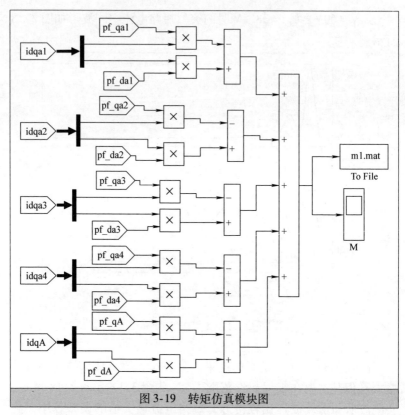

图 3-19 转矩仿真模块图

在图 3-19 中，From 模块符号的意义：idqaj 表示 i_{daj}、i_{qaj}（j = 1，2，3，4），分别代表整流绕组各个 Y 绕组的 d、q 轴电流；pf 表示磁链，其后的符号分别代表整流绕组各个 Y 绕组（daj、qaj）和交流绕组（dA、qA）的 d、q 轴磁链。

通过设定相应的初始条件（与试验的条件一致），仿真交直流同时突然短路的电磁转矩，并将仿真的结果与试验和理论计算结果进行比较。

2. 试验验证结果比较

本节通过模拟样机的试验检验解析分析和仿真的准确性，模拟样机主要参数见附录 A。

试验条件：双绕组模拟样机由直流电动机拖动（额定转速），

他励,在空载稳态下交、直流同时突然短路。利用转矩测量仪和计算机高速数据采集系统采集短路后的转矩实时波形。试验、解析计算和仿真结果见表 3-12。$U_{AB} = 100V$ 时的突然短路电磁转矩实测波形如图 3-20 所示,仿真波形如图 3-21 所示。

表 3-12　模拟样机交直流同时突然短路电磁转矩试验、计算和仿真结果比较

U_{AB}/V	U_{dc}/V	实测	计算		仿真		备注
		最大转矩（pu）	最大转矩（pu）	误差（%）	最大转矩（pu）	误差（%）	
60	38	0.65	0.58	10.7	0.6	7.7	解析计算用的公式是式（3-87）
80	52	1.1	1.16	5.5	1.2	9.1	
100	65	1.61	1.44	10.6	1.49	7.5	

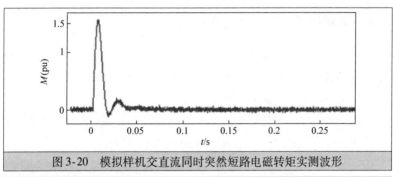

图 3-20　模拟样机交直流同时突然短路电磁转矩实测波形

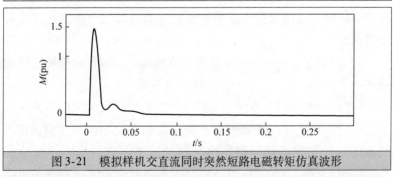

图 3-21　模拟样机交直流同时突然短路电磁转矩仿真波形

由表 3-12、图 3-20 和图 3-21 可见,试验与解析计算和仿真结果的误差基本在工程允许范围内,理论分析与试验吻合得较好,说明本书的解析分析和仿真建模是准确的。

3. 试验验证最大转矩粗略估算

对于本书给出的最大转矩近似估算式（3-97），下面通过与试验结果的比较检验其误差。

$U_{AB} = 100V$ 时的同时突然短路后，最大转矩近似估算式（3-97）计算的最大转矩为 1.82pu，试验测得最大转矩为 1.61pu，两者的误差仅为 13.0%。另外，对同时突然短路其他几种工况下的比较可知，最大转矩近似估算式（3-97）的误差在 20% 以内。

可见，本书得出的最大转矩估算式是有相当的准确度的，而且其表达式非常简明，很适合工程应用，所以最大转矩近似估算式的工程意义很大。

3.9　本章小结

本章完成的工作如下：

1）给出了双绕组发电机稳态空载运行的电磁量和交直流同时突然短路后的 d、q 轴基本电压方程。

2）给出了双绕组发电机交直流同时突然短路的特征方程，导出了定子时间常数 T_{a1}、T_{a2} 和转子时间常数 T'_d、T''_d、T'_q、T''_q。

3）解出了 d、q 轴短路电流的运算表达式，给出了交流绕组和整流绕组交流侧短路电流的准确、近似和简明三种表达式及其相对误差。

4）给出了直流侧短路电流最大值的准确、近似和简明三种表达式。

5）给出并证明了直流侧电阻折算到相应的交流侧电阻的关系式：$r_{ac} = 2.43R_{dc}$；详细研究了线路电阻对短路电流的影响，指出线路电阻，尤其是直流侧线路电阻对短路电流的影响比较显著（主要影响短路电流的分配）。在绕组电阻（包括直流侧线路电阻的折算值）较大的情况下，近似和简明公式不再适用，只能用准确公式进行计算。在绕组电阻较小的情况下，才可按近似和简明公式估算短路电流最大值。

6）证明了双绕组发电机交、直流单独突然短路电流与交直流同时突然短路电流的关系：同时突然短路电流小于相应的交、直流单独短路的电流。

7）利用三相电机突然短路电磁转矩的计算方法，通过适当的近似，导出 3/12 相双绕组发电机交直流同时突然短路电磁转矩的简明解析式，并进一步近似得到最大电磁转矩的简单估算公式。

8）通过试验检验了理论分析的正确性。

第4章 交流侧带负载时直流侧 突然短路过渡过程分析

交流侧带负载时直流侧突然短路是双绕组发电机最常见的短路故障之一，其发生的概率比交、直流同时突然短路高得多。本章用解析的方法研究 3/12 相双绕组发电机交流侧带负载时直流侧突然短路的过渡过程，给出了有关的时间常数和短路电流表达式，并通过模拟样机实机试验检验理论分析的准确性。为分析方便，假定短路前直流侧为空载，并认为短路前后转速和励磁均保持不变。

4.1 短路前稳态运行

4.1.1 负载方程

设交流侧为三相对称线性负载，R、X 分别表示其每相电阻和电抗，则交流侧负载电压方程为

$$\begin{cases} u_A = pXi_A + Ri_A \\ u_B = pXi_B + Ri_B \\ u_C = pXi_C + Ri_C \end{cases} \tag{4-1}$$

式中，$p = \dfrac{d}{dt}$。将式（4-1）转换到 d、q 坐标系[6]可得

$$\begin{cases} u_{dA} = pXi_{dA} - Xi_{qA} + Ri_{dA} \\ u_{qA} = pXi_{qA} + Xi_{dA} + Ri_{qA} \end{cases} \tag{4-2}$$

4.1.2 交流绕组稳态电流

根据第 2 章建立的电压方程式（2-29）及负载方程式（4-2），稳态时可得

$$u_{dA0} = pXi_{dA0} - Xi_{qA0} + Ri_{dA0} = p\psi_{dA0} - \psi_{qA0} - r_A i_{dA0}$$

$$u_{qA0} = pXi_{qA0} + Xi_{dA0} + Ri_{qA0} = p\psi_{qA0} + \psi_{dA0} - r_A i_{qA0}$$

式中，下标"0"表示短路前的量。

应用磁链方程式（2-37），并令 $p=0$，可得发电机稳态运行的方程：

$$\begin{cases} -Xi_{qA0} + Ri_{dA0} = x_{qA}i_{qA0} - r_{A}i_{dA0} \\ Xi_{dA0} + Ri_{qA0} = E_{A} - x_{dA}i_{dA0} - r_{A}i_{qA0} \end{cases} \quad (4\text{-}3)$$

由此可得

$$\begin{cases} i_{dA0} = \dfrac{x_{qAL}E_{A}}{x_{dAL}x_{qAL} + r_{AL}^{2}} \\ i_{qA0} = \dfrac{r_{AL}E_{A}}{x_{dAL}x_{qAL} + r_{AL}^{2}} \end{cases} \quad (4\text{-}4)$$

式中，E_{A} 表示交流绕组励磁电动势。

$$x_{dAL} = x_{dA} + X \qquad x_{qAL} = x_{qA} + X \qquad r_{AL} = R + r_{A}$$

交流绕组稳态电流为

$$i_{A0} = i_{dA0}\cos(\theta - \alpha) - i_{qA0}\sin(\theta - \alpha) \quad (4\text{-}5)$$

将 θ 分别换为 $(\theta - 120°)$、$(\theta + 120°)$ 可得 B、C 相电流，α 的意义见图 2-1。

4.1.3 整流绕组稳态电压

由电压方程式（2-29）和磁链方程式（2-37），可得稳态时整流绕组电压：

$$\begin{cases} u_{da0} = x_{qM}i_{qA0} = U_{a}\sin\delta_{a} \\ u_{qa0} = E_{A} - x_{dM}i_{dA0} = U_{a}\cos\delta_{a} \end{cases} \quad (4\text{-}6)$$

下标"a"表示整流绕组的量，δ_{a} 表示整流绕组电压 U_{a} 与 E_{A} 夹角，可由图 4-1 所示的矢量图求出。

4.1.4 矢量图

由磁链方程式（2-37）可得交流带负载而直流空载时的稳态磁链方程：

$$\begin{cases} \psi_{da} = E_{A} - x_{dM}i_{dA} \\ \psi_{qa} = -x_{qM}i_{qA} \\ \psi_{dA} = E_{A} - x_{dM}i_{dA} - \Delta x_{lA1}i_{dA} \\ \psi_{qA} = -x_{qM}i_{qA} - \Delta x_{lA1}i_{qA} \end{cases} \quad (4\text{-}7)$$

由电压方程式（2-29），可得整流绕组电压方程：

$$\begin{cases} u_{da} = x_{qM} i_{qA} \\ u_{qa} = E_A - x_{dM} i_{dA} \end{cases} \tag{4-8}$$

交流绕组电压方程为

$$\begin{cases} u_{dA} = x_{qM} i_{qA} + \Delta x_{lA1} i_{qA} - r_A i_{dA} \\ u_{qA} = E_A - x_{dM} i_{dA} - \Delta x_{lA1} i_{dA} - r_A i_{qA} \end{cases} \tag{4-9}$$

令

$$\begin{cases} \dot{U}_a = u_{da} + j u_{qa} \\ \dot{U}_A = u_{dA} + j u_{qA} \\ \dot{I}_a = i_{da} + j i_{qa} \\ \dot{I}_A = i_{dA} + j i_{qA} \end{cases}$$

可得

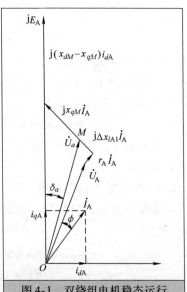

$$\begin{cases} \dot{U}_a = j E_A - j(x_{dM} - x_{qM}) i_{dA} \\ \qquad - j x_{qM} \dot{I}_A \\ \dot{U}_A = j E_A - j \Delta x_{lA1} \dot{I}_A - r_A \dot{I}_A - \\ \qquad j(x_{dM} - x_{qM}) i_{dA} - j x_{qM} \dot{I}_A \end{cases} \tag{4-10}$$

由式（4-10）可画出相应的矢量图，如图 4-1 所示。

图 4-1　双绕组电机稳态运行电压矢量图

4.2　直流侧短路后的基本方程

假定短路后转速保持不变，励磁不加调节，且短路发生在电机直流侧出线端，不考虑线路阻抗与二极管的影响，短路前交流侧运行在额定功率因数负载附近。由于直流侧短路相当于交流侧对称短路（就交流侧而言）[21]，应用叠加原理，相当于整流绕组交流侧突然施加一反向电压，由此引起的短路电流称为短路电流的变化部分，该部分与原来的稳态电流之和，即为短路后的总电流。应用前面得出的电压和磁链的基本方程式（2-29）和式（2-37），可得短路后的基本方程：

$$
\begin{cases}
-(px_{da}(p)+r_a)i_{da1}-px_{dM}(p)i_{dA1}+x_{qa}(p)i_{qa1}+x_{qM}(p)i_{qA1} \\
=-U_a\sin\delta_a\mathbf{1} \\
-x_{da}(p)i_{da1}-px_{dM}(p)i_{dA1}-(px_{qa}(p)+r_a)i_{qa1}-px_{qM}(p)i_{qA1} \\
=-U_a\cos\delta_a\mathbf{1} \\
-px_{dM}(p)i_{da1}-(px_{dA}(p)+r_A)i_{dA1}+x_{qM}(p)i_{qa1}+ \\
x_{qA}(p)i_{qA1}=pXi_{dA1}-Xi_{qA1}+Ri_{dA1} \\
-x_{dM}(p)i_{da1}-x_{dA}(p)i_{dA1}-px_{qM}(p)i_{qa1}-(px_{qA}(p)+r_A)i_{qA1} \\
=pXi_{qA1}+Xi_{dA1}+Ri_{qA1}
\end{cases}
$$

$$(4-11)$$

或写为

$$
\begin{bmatrix}
px_{da}(p)+r_a & px_{dM}(p) & -x_{qa}(p) & -x_{qM}(p) \\
x_{da}(p) & x_{dM}(p) & px_{qa}(p)+r_a & px_{qM}(p) \\
px_{dM}(p) & px_{dAL}(p)+r_{AL} & -x_{qM}(p) & -x_{qAL}(p) \\
x_{dM}(p) & x_{dAL}(p) & px_{qM}(p) & px_{qAL}(p)+r_{AL}
\end{bmatrix} \cdot
$$

$$
\begin{bmatrix} i_{da1} \\ i_{dA1} \\ i_{qa1} \\ i_{qA1} \end{bmatrix} =
\begin{bmatrix} U_a\sin\delta_a\mathbf{1} \\ U_a\cos\delta_a\mathbf{1} \\ 0 \\ 0 \end{bmatrix}
\qquad (4-12)
$$

式中，下标"1"表示突加反向电压后的变化量。

$$x_{da}(p)=x_{dM}(p)+\Delta x_{la1} \qquad x_{dA}(p)=x_{dM}(p)+\Delta x_{lA1}$$

$$x_{dAL}(p)=x_{dA}(p)+X$$

$$x_{qa}(p)=x_{qM}(p)+\Delta x_{la1} \qquad x_{qA}(p)=x_{qM}(p)+\Delta x_{lA1}$$

$$x_{qAL}(p)=x_{qA}(p)+X \qquad r_{AL}=r_A+R$$

4.3　定转子短路时间常数

4.3.1　特征方程

直流侧短路时的特征方程，可由上面的基本方程式（4-12）

得到

$$M(p) = 0 \qquad (4\text{-}13)$$

式中，

$$M(p) = \begin{vmatrix} px_{da}(p) + r_a & px_{dM}(p) & -x_{qa}(p) & -x_{qM}(p) \\ x_{da}(p) & x_{dM}(p) & px_{qa}(p) + r_a & px_{qM}(p) \\ px_{dM}(p) & px_{dAL}(p) + r_{AL} & -x_{qM}(p) & -x_{qAL}(p) \\ x_{dM}(p) & x_{dAL}(p) & px_{qM}(p) & px_{qAL}(p) + r_{AL} \end{vmatrix}$$

$$(4\text{-}14)$$

展开后可得

$$M(p) = -\Big\{ x_{daL1}(p) x_{qaL1}(p) \big[(S_L p + R_y)^2 + S_L^2 \big]$$

$$\Big[p^2 + p\Big(\frac{1}{x_{daL1}(p)} + \frac{1}{x_{qaL1}(p)} \Big) R_{AaL} + 1 \Big] + \Delta M(p) \Big\} \quad (4\text{-}15)$$

式中，

$$\Delta M(p) = S_L [x_{dAL1}(p) + x_{qAL1}(p)] p \Big[p(r_a r_{AL} - R_y R_{AaL}) + \frac{r_a r_{AL} R_y}{S_L} - \frac{R_y^2}{S_L} R_{AaL} \Big] +$$

$$[x_{daL1}(p) + x_{qaL1}(p)] (r_a \sqrt{\Delta x_{AL}} - r_{AL} \sqrt{\Delta x_{aL}})^2 + (pS_L R_{AaL} + r_a r_{AL})^2 + (S_L R_{AaL})^2$$

$$(4\text{-}16)$$

$$x_{lAL} = x_{lA} + X, \Delta x_{lAL} = x_{lAL} - x_{lmAa}, \ \Delta x_{la1} = x_{la} - x_{lmAa} \quad (4\text{-}17)$$

$$S_L = \Delta x_{la1} + \Delta x_{lAL1}, \ \Delta x_{aL} = \frac{\Delta x_{la1}^2}{S_L}, \ \Delta x_{AL} = \frac{\Delta x_{lAL1}^2}{S_L} \quad (4\text{-}18)$$

$$R_{AaL} = \frac{\Delta x_{aL} r_{AL} + \Delta x_{AL} r_a}{S_L}, \ R_y = r_a + r_{AL} = r_a + r_A + R$$

$$(4\text{-}19)$$

$$x_{daL1}(p) = x_{da}(p) - \Delta x_{aL} = x_{dAL}(p) - \Delta x_{AL} \qquad (4\text{-}20)$$

$$x_{qaL1}(p) = x_{qa}(p) - \Delta x_{aL} = x_{qAL}(p) - \Delta x_{AL} \qquad (4\text{-}21)$$

$$x''_{daL1} = x''_{da} - \Delta x_{aL} = x''_{dAL} - \Delta x_{AL} \qquad (4\text{-}22)$$

$$x''_{qaL1} = x''_{qa} - \Delta x_{aL} = x''_{qAL} - \Delta x_{AL} \qquad (4\text{-}23)$$

$$x'_{daL1} = x'_{da} - \Delta x_{aL} = x'_{dAL} - \Delta x_{AL} \qquad (4\text{-}24)$$

$$x'_{qaL1} = x'_{qa} - \Delta x_{aL} = x'_{qAL} - \Delta x_{AL} \qquad (4\text{-}25)$$

可见，交流带负载时直流侧短路后 d、q 轴运算电抗分别变为 $x_{daL1}(p)$、$x_{qaL1}(p)$。

说明：由式（4-15）、式（4-16）可见，双绕组发电机交流侧带负载时直流侧突然短路的特征方程与交直流同时突然短路的特征方程类似，也是八阶的，有八个特征根，其中，四个负实数根，决定转子各回路的短路时间常数（T'_d、T''_d、T'_q、T''_q）；两对共轭复根（实部为负实数，虚部近似为 1）决定定子时间常数（T_{aL1}、T_{aL2}）。同前一章类似，为了简化求解的过程，并得到简明的表达式，可从物理概念上进行近似，即求定子的时间常数时可以忽略转子各回路的电阻，求转子的时间常数时可以忽略定子各回路的电阻。

4.3.2 定子时间常数

如果特征方程中的 $\Delta M(p)$ 项可忽略，即取 $\Delta M(p)=0$，那么可以很方便地求出短路后定子的时间常数：

令 $M(p)=0$，忽略转子回路的电阻，$x_{daL1}(p)$、$x_{qaL1}(p)$ 用 x''_{daL1}、x''_{qaL1} 代入，可求得其两对共轭复根：

$$p_{1,2} \approx -\frac{1}{T_{aL1}} \pm \mathrm{j} \quad p_{3,4} \approx -\frac{1}{T_{aL2}} \pm \mathrm{j} \tag{4-26}$$

定子的短路时间常数为

$$T_{aL1} = \frac{2x''_{daL1}x''_{qaL1}}{R_{AaL}(x''_{daL1}+x''_{qaL1})} \quad T_{aL2} = \frac{S_L}{r_a+r_{AL}} = \frac{S_L}{R_y} \tag{4-27}$$

下面分析一下 $\Delta M(p)$。

将 $x_{daL1}(p)$、$x_{qaL1}(p)$ 用 x''_{daL1}、x''_{qaL1} 代入，可得

$$\Delta M(p) = (x''_{daL1}+x''_{qaL1}) \cdot$$

$$\left\{ \begin{array}{l} pS_L\left[p(r_ar_{AL}-R_yR_{AaL}) + \dfrac{r_ar_{AL}R_y}{S_L} - \dfrac{R_y^2R_{AaL}}{S_L}\right] + \\ (r_a\sqrt{\Delta x_{AL}} - r_{AL}\sqrt{\Delta x_{aL}})^2 + (pS_LR_{AaL}+r_ar_{AL})^2 + (S_LR_{AaL})^2 \end{array} \right\}$$

$$\tag{4-28}$$

其中各符号意义见式（4-17）~式（4-25）。

式（4-28）中，通常 r_a、Δx_{aL} 均很小。R_{AaL} 也是很小的，这

一点可从等效电路（见图 2-7、图 2-8）看出，R_{AaL} 是考虑交流负载阻抗（作为交流绕组净漏阻抗的一部分）的两净漏阻抗并联的等效电阻，虽然交流负载阻抗 R、X 不小，但整流绕组的净漏阻抗是很小的，所以并联后的阻抗仍然很小，即 R_{AaL} 很小，故 $\Delta M(p)$ 中的各项可以忽略。这样就可解出上面的两个时间常数近似值。对此还可通过计算进行验证。

在交流额定负载下（$\cos\varphi = 0.8$，$R = 0.8$，$X = 0.6$），忽略转子回路的电阻，将双绕组模拟样机的参数（见附录 A）代入 $M(p) = 0$ 的表达式中，解一个四次方程，可得两对共轭特征根，其实部的负倒数即为两准确的时间常数：

$$T_{aL1z} = 4.99 \times 10^{-3} \text{ s} \quad T_{aL2z} = 1.88 \times 10^{-3} \text{ s}$$

下标 z 表示准确值。当然，此处的准确也是相对的。

由近似公式（4-27）得出的两个时间常数为

$$T_{aL1} = 4.68 \times 10^{-3} \text{ s} \quad\quad T_{aL2} = 1.94 \times 10^{-3} \text{ s}$$

误差分别为

$$T_{aL1} : \left| \frac{T_{aL1} - T_{aL1z}}{T_{aL1z}} \times 100\% \right| = 6.2\%$$

$$T_{aL2} : \left| \frac{T_{aL2} - T_{aL2z}}{T_{aL2z}} \times 100\% \right| = 3.3\%$$

可见，由近似公式得出的时间常数，不仅简单明了、物理意义明确，而且准确度较高。这两个时间常数相差较大，其中 T_{aL1} 比 T_{aL2} 大得多，前者是由短路后 d、q 轴超瞬变电抗的调和平均值 $2 \left/ \left(\dfrac{1}{x''_{daL1}} + \dfrac{1}{x''_{qaL1}} \right) \right.$ 与相应的定子等效电阻 R_{AaL} 决定，数值较大；后者由定子两绕组电阻之和（$r_a + r_{AL}$）与净漏抗之和（$\Delta x_{la1} + \Delta x_{lAL1}$）决定，数值较小。可以预见，短路后的定子绕组中，将有直流分量和二次谐波分量两部分，它们分别按差距较大的两个时间常数衰减；其中时间常数小的一部分衰减非常快，另一部分的衰减相对要慢一些。在这种考虑下，在求最大短路电流时，如果衰减很快的那一部分的数值较小，对最大短路电流的贡献很小，便可予以忽略，只需考虑衰减相对较慢的那一部分。

4.3.3 转子时间常数

求转子时间常数时，可忽略定子回路的电阻。此时特征方程式（4-13）可写为

$$S_L^2(p^2+1)x_{daL1}(p)x_{qaL1}(p)=0$$

由 $x_{daL1}(p)=0$ 可求出瞬变和超瞬变 d 轴时间常数：

$$T'_d = \frac{x'_{daL1}}{x_{daL1}}T'_{do} \qquad T''_d = \frac{x''_{daL1}}{x'_{daL1}}T''_{do} \qquad (4\text{-}29)$$

由 $x_{qaL1}(p)=0$ 可求出瞬变和超瞬变 q 轴时间常数：

$$T'_q = \frac{x'_{qaL1}}{x_{qaL1}}T'_{qo} \qquad T''_q = \frac{x''_{qaL1}}{x'_{qaL1}}T''_{qo} \qquad (4\text{-}30)$$

式中，T'_{do}、T''_{do}、T'_{qo}、T''_{qo} 为开路时间常数，已由式（2-50）给出。

4.4 短路电流

4.4.1 短路电流变化量的运算表达式

解方程式（4-12），可得 d、q 轴短路电流变化量的运算表达式。

通常，当负载功率因数在额定值附近时，$r_{AL} \gg r_a$、$X \gg \Delta x_{la1}$，忽略相应的 $\dfrac{\Delta x_{aL}}{S_L}$、$r_a$ 各项，可得

$$i_{da1} = \frac{U_a(p\sin\delta_a + \cos\delta_a)}{x_{daL1}(p)\left[p^2 + p\left(\dfrac{1}{x_{daL1}(p)} + \dfrac{1}{x_{qaL1}(p)}\right)R_{AaL} + 1\right]}1$$

$$+ \frac{U_a\left[(S_Lp + R_y)\sin\delta_a + S_L\cos\delta_a\right]}{(S_Lp + R_y)^2 + S_L^2}1 \qquad (4\text{-}31)$$

$$i_{qa1} = \frac{U_a(p\cos\delta_a - \sin\delta_a)}{x_{qaL1}(p)\left[p^2 + p\left(\dfrac{1}{x_{daL1}(p)} + \dfrac{1}{x_{qaL1}(p)}\right)R_{AaL} + 1\right]}1 +$$

$$\frac{U_a\left[(S_Lp + R_y)\cos\delta_a - S_L\sin\delta_a\right]}{(S_Lp + R_y)^2 + S_L^2}1 \qquad (4\text{-}32)$$

$$i_{dA1} = -\frac{U_a \dfrac{\Delta x_{mL}}{S_L}(p\sin\delta_a + \cos\delta_a)}{x_{daL1}(p)\left[p^2 + p\left(\dfrac{1}{x_{daL1}(p)} + \dfrac{1}{x_{qaL1}(p)}\right)R_{AaL} + 1\right]}\mathbf{1}$$

$$-\frac{U_a\left[(S_Lp + R_y)\sin\delta_a + S_L\cos\delta_a\right]}{(S_Lp + R_y)^2 + S_L^2}\mathbf{1} \qquad (4\text{-}33)$$

$$i_{qA1} = -\frac{U_a \dfrac{\Delta x_{mL}}{S_L}(p\cos\delta_a - \sin\delta_a)}{x_{qaL1}(p)\left[p^2 + p\left(\dfrac{1}{x_{daL1}(p)} + \dfrac{1}{x_{qaL1}(p)}\right)R_{AaL} + 1\right]}\mathbf{1}$$

$$-\frac{U_a\left[(S_Lp + R_y)\cos\delta_a - S_L\sin\delta_a\right]}{(S_Lp + R_y)^2 + S_L^2}\mathbf{1} \qquad (4\text{-}34)$$

式中，$\Delta x_{mL} = \dfrac{\Delta x_{la1}\Delta x_{lAL1}}{S_L}$；其他符号的意义见式（4-17）～式（4-25）。

4.4.2　d、q 轴短路电流变化量的展开式

展开式（4-31）～式（4-34），可得

$$i_{da1} = \frac{U_a\cos\delta_a}{x_{daL1}(p)}\mathbf{1} - \frac{U_a e^{-\frac{t}{T_{aL1}}}}{x''_{daL1}}\cos(t + \delta_a)\mathbf{1} + \frac{U_a}{\sqrt{R_y^2 + S_L^2}}\cdot$$

$$\left[\cos(\delta_a - \gamma) - e^{-\frac{t}{T_{aL2}}}\cos(t + \delta_a - \gamma)\right]\mathbf{1} \qquad (4\text{-}35)$$

$$i_{dA1} = -\frac{U_a\dfrac{\Delta x_{mL}}{S_L}\cos\delta_a}{x_{daL1}(p)}\mathbf{1} + \frac{\dfrac{\Delta x_{mL}}{S_L}U_a e^{\frac{-t}{T_{aL1}}}}{x''_{daL1}}\cos(t + \delta_a)\mathbf{1} - \frac{U_a}{\sqrt{R_y^2 + S_L^2}}\cdot$$

$$\left[\cos(\delta_a - \gamma) - e^{\frac{-t}{T_{aL2}}}\cos(t + \delta_a - \gamma)\right]\mathbf{1} \qquad (4\text{-}36)$$

$$i_{qa1} = -\frac{U_a\sin\delta_a}{x_{qaL1}(p)}\mathbf{1} + \frac{U_a e^{\frac{-t}{T_{aL1}}}}{x''_{qaL1}}\sin(t + \delta_a)\mathbf{1} - \frac{U_a}{\sqrt{R_y^2 + S_L^2}}\cdot$$

$$\left[\sin(\delta_a - \gamma) - e^{\frac{-t}{T_{aL2}}}\sin(t + \delta_a - \gamma)\right]\mathbf{1} \qquad (4\text{-}37)$$

$$i_{qA1} = \frac{\dfrac{\Delta x_{mL}}{S_L}U_a\sin\delta_a}{x_{qaL1}(p)}\mathbf{1} - \frac{\dfrac{\Delta x_{mL}}{S}U_a e^{\frac{-t}{T_{aL1}}}}{x''_{qaL1}}\sin(t + \delta_a)\mathbf{1} + \frac{U_a}{\sqrt{R_y^2 + S_L^2}}\cdot$$

$$\left[\sin(\delta_a - \gamma) - e^{\frac{-t}{T_{al2}}}\sin(t + \delta_a - \gamma)\right]\mathbf{1} \tag{4-38}$$

式中，
$$\gamma = \arctan\frac{R_y}{S_L} \tag{4-39}$$

因为 $R_y = R + r_A + r_a$，$S_L = \Delta x_{lal} + \Delta x_{lAL1}$，$x_{lAL} = x_{lA} + X$，$\Delta x_{lAL1} = x_{lAL} - x_{lmAa}$，且通常在额定功率因数附近有 $R_y \approx R$，$S_L \approx X$，所以

$$\gamma \approx \arctan\frac{R}{X} \tag{4-40}$$

即 γ 主要是由负载性质决定的。

4.4.3 abc 坐标系短路电流

1. 整流绕组交流侧电流

因为短路前直流侧空载，所以整流绕组交流侧短路电流的变化量即为短路后的总电流。

由式（4-35）和式（4-37），可得整流绕组交流侧短路电流（以 a_1 相电流为例）：

$$i_{a1} = \frac{k}{4}\left[i_{da}\cos\theta - i_{qa}\sin\theta\right]$$

$$= \frac{kU_a}{4}\left\{\begin{aligned} &\cos\delta_a\cos\theta\left[\left(\frac{1}{x''_{daL1}} - \frac{1}{x'_{daL1}}\right)e^{-\frac{t}{T''_d}} + \left(\frac{1}{x'_{daL1}} - \frac{1}{x_{daL1}}\right)e^{-\frac{t}{T'_d}} + \frac{1}{x_{daL1}}\right] \\ &+ \sin\delta_a\sin\theta\left[\left(\frac{1}{x''_{qaL1}} - \frac{1}{x'_{qaL1}}\right)e^{-\frac{t}{T''_q}} + \left(\frac{1}{x'_{qaL1}} - \frac{1}{x_{qaL1}}\right)e^{-\frac{t}{T'_q}} + \frac{1}{x_{qaL1}}\right] \\ &- \frac{\cos(\theta_0 - \delta_a)}{2}\left(\frac{1}{x''_{daL1}} + \frac{1}{x''_{qaL1}}\right)e^{-\frac{t}{T_{aL1}}} - \frac{1}{2}\left(\frac{1}{x''_{daL1}} - \frac{1}{x''_{qaL1}}\right)\cdot \\ &\cos(2t + \theta_0 + \delta_a)e^{-\frac{t}{T_{aL1}}} + \frac{\cos(\theta - \delta_a + \gamma)}{\sqrt{R_y^2 + S_L^2}} - \frac{\cos(\theta_0 - \delta_a + \gamma)}{\sqrt{R_y^2 + S_L^2}}e^{-\frac{t}{T_{al2}}} \end{aligned}\right\}\mathbf{1}$$

$$\tag{4-41}$$

用 $(\theta - 120°)$、$(\theta + 120°)$ 置换上式中的 θ，用 $(\theta_0 - 120°)$、$(\theta_0 + 120°)$ 置换上式中的 θ_0，可得 b_1、c_1 相电流表达式，则全部整流绕组各相电流表达式为

$$i_{aj} = \frac{k}{4}\left[i_{da}\cos(\theta - (j-1)15°) - i_{qa}\sin(\theta - (j-1)15°)\right],$$
$$(j = \overline{1,4}) \tag{4-42}$$

用（$\theta - 120°$）、（$\theta + 120°$）置换式（4-42）中的 θ，可得 b_j、c_j 相电流表达式。

说明：上面各式中的系数 $\dfrac{k}{4}$ 是由第 2 章的等效和折算关系得到的，相当于将等效并折算到交流绕组的电流还原为整流绕组各 Y 的电流，具体的方法请参见第 2 章。

由 i_{a1} 的表达式可见，短路后的整流绕组相电流含有以下分量：

（1）基波分量

$$i_{a1}(1) = \frac{kU_a}{4} \cdot$$

$$\left\{ \cos\delta_a \cos\theta \frac{1}{x_{daL1}(p)} + \sin\delta_a \sin\theta \frac{1}{x_{qaL1}(p)} + \frac{\cos(\theta - \delta_a + \gamma)}{\sqrt{R_y^2 + S_L^2}} \right\} 1$$

（4-43）

（2）直流分量

$$i_{a1}(0) = -\frac{k}{4} U_a \cdot$$

$$\left\{ \frac{\cos(\theta_0 - \delta_a)}{2} \left(\frac{1}{x''_{daL1}} + \frac{1}{x''_{qaL1}} \right) e^{-\frac{t}{T_{aL1}}} + \frac{\cos(\theta_0 - \delta_a + \gamma)}{\sqrt{R_y^2 + S_L^2}} e^{-\frac{t}{T_{aL2}}} \right\} 1$$

（4-44）

可见，直流分量分别按 T_{aL1}、T_{aL2} 两个时间常数衰减。

（3）二次谐波分量

$$i_{a1}(2) = -\frac{k}{4} U_a \cdot \frac{1}{2} \left(\frac{1}{x''_{daL1}} - \frac{1}{x''_{qaL1}} \right) \cos(2t + \theta_0 + \delta_a) e^{-\frac{t}{T_{aL1}}}$$

（4-45）

可见，二次谐波分量按 T_{aL1} 时间常数衰减。

模拟样机在交流侧带负载（$U_{AB} = 100V$，$I_A = 10A$，$\cos\varphi = 0.8$）、直流侧空载下突然短路，此时 a_1 相短路电流各分量（计算结果）如图4-2所示。

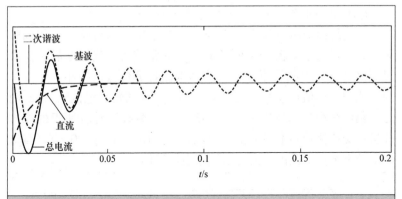

图 4-2　交流侧带负载、直流侧空载下突然短路时模拟样机 a_1 相整流绕组短路电流

2. 交流绕组短路电流

由式（4-36）、式（4-38），可得交流绕组短路电流的变化量为

$$i_{A1} = i_{dA1}\cos(\theta - \alpha) - i_{qA1}\sin(\theta - \alpha)$$

$$= -U_a\frac{\Delta x_{mL}}{S_L}\left\{\begin{aligned}&\cos\delta_a\cos(\theta-\alpha)\left[\left(\frac{1}{x''_{daL1}}-\frac{1}{x'_{daL1}}\right)\mathrm{e}^{-\frac{t}{T''_d}}+\left(\frac{1}{x'_{daL1}}-\frac{1}{x_{daL1}}\right)\mathrm{e}^{-\frac{t}{T'_d}}+\frac{1}{x_{daL1}}\right]\\&+\sin\delta_a\sin(\theta-\alpha)\left[\left(\frac{1}{x''_{qaL1}}-\frac{1}{x'_{qaL1}}\right)\mathrm{e}^{-\frac{t}{T''_q}}+\left(\frac{1}{x'_{qaL1}}-\frac{1}{x_{qaL1}}\right)\mathrm{e}^{-\frac{t}{T'_q}}+\frac{1}{x_{qaL1}}\right]\\&-\frac{\cos(\theta_0-\delta_a-\alpha)}{2}\left(\frac{1}{x''_{daL1}}+\frac{1}{x''_{qaL1}}\right)\mathrm{e}^{-\frac{t}{T_{aL1}}}\\&-\frac{1}{2}\left(\frac{1}{x''_{daL1}}-\frac{1}{x''_{qaL1}}\right)\cos(2t+\theta_0-\alpha+\delta_a)\mathrm{e}^{-\frac{t}{T_{aL1}}}\end{aligned}\right\}1$$

$$-\left\{\frac{\cos(\theta-\alpha-\delta_a+\gamma)}{\sqrt{R_y^2+S_L^2}}-\frac{\mathrm{e}^{-\frac{t}{T_{aL2}}}\cos(\theta_0-\alpha-\delta_a+\gamma)}{\sqrt{R_y^2+S_L^2}}\right\}U_a1 \tag{4-46}$$

式中，α、γ 的意义分别见图 2-1、式（4-39）或式（4-40）。

用（$\theta-120°$）、（$\theta+120°$）置换式（4-46）中的 θ，用（$\theta_0-120°$）、（$\theta_0+120°$）置换式（4-46）中的 θ_0，可得 B、C 相电流表达式。

短路后交流绕组总的电流（A 相）可写为

$$i_A = i_{A1} + i_{A0} \tag{4-47}$$

i_{A0} 见式（4-5），B、C 相总电流类似可得。

交流绕组短路电流也含有与整流绕组交流侧短路电流相同的分量，不过由于交流绕组的负载阻抗通常较大，且短路后整流绕组短路电流的去磁作用显著，使其电流各分量数值很小，短路后的电流为一幅值迅速减小的电流（小于原来的负载电流），稳态时是一幅值很小的基波电流。图 4-3 为式（4-47）计算所得的模拟样机在交流侧带负载（$U_{AB} = 100\text{V}$，$I_A = 10\text{A}$，$\cos\varphi = 0.8$）、直流侧空载下突然短路的交流绕组短路电流波形。

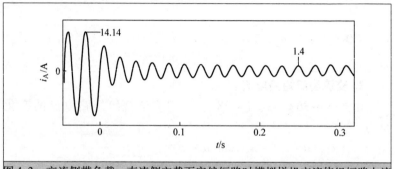

图 4-3　交流侧带负载、直流侧空载下突然短路时模拟样机交流绕组短路电流

由此可知，交流绕组不会产生大的冲击电流，只需考虑直流侧短路电流的最大值。

可见，在交流侧带负载、直流侧突然短路后，由于两套绕组之间的耦合，使得整流绕组交流侧和交流绕组相电流均含有以下分量：按转子时间常数（T''_d、T'_d、T''_q、T'_q）衰减的基频分量、按定子时间常数 T_{aL1} 衰减的直流分量和二次谐波分量，以及按定子时间常数 T_{aL2} 衰减的直流分量。由于两套绕组的耦合作用，短路电流变得更加复杂，定子的时间常数也增加为两个（T_{aL1}、T_{aL2}）。

4.4.4　交流侧电压的变化

将直流侧短路后的交流绕组 A 相电流式（4-5）、式（4-46）和式（4-47）代入式（4-1），可得到交流绕组的 A 相电压，B、C 相电压类似可得。

模拟样机在交流侧带负载（$U_{AB} = 100\text{V}$，$I_A = 10\text{A}$，$\cos\varphi = 0.8$）、直流侧空载下突然短路的交流绕组 A 相电压计算波形如图

4-4 所示，仿真波形如图4-5所示，实测波形如图4-6所示。

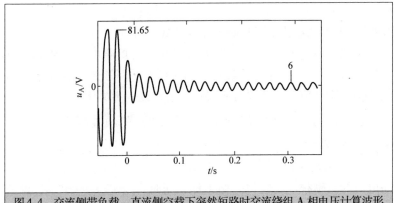

图4-4 交流侧带负载、直流侧空载下突然短路时交流绕组 A 相电压计算波形

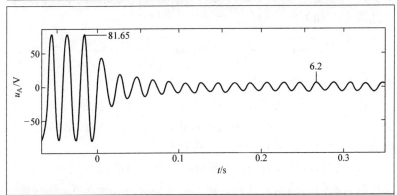

图4-5 交流侧带负载、直流侧空载下突然短路时交流绕组 A 相电压仿真波形

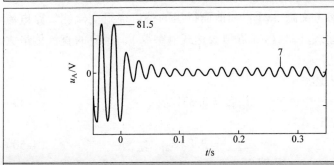

图4-6 交流侧带负载、直流侧空载下突然短路时交流绕组 A 相电压实测波形

可见，直流侧短路后，交流侧的电压迅速下降至很小的稳态值，已不能正常工作。

4.4.5　整流绕组交流侧短路电流近似式

由式（4-41）可以计算出不同工况下的短路电流，从而可以得到最大短路电流 $i_{a1\max}$ 及其到达的时刻 t_p。但该式比较复杂，不便于实际工程应用，所以有必要对其进行进一步简化。

通常，$\sqrt{R_y^2 + S_L^2}$ 数值较大，且含 $e^{-\frac{t}{T_{al2}}}$ 的项衰减很快，所以 $\frac{k}{4}U_a\left\{\dfrac{\cos(\theta - \delta_a + \gamma)}{\sqrt{R_y^2 + S_L^2}} - \dfrac{\cos(\theta_0 - \delta_a + \gamma)}{\sqrt{R_y^2 + S_L^2}}e^{-\frac{t}{T_{al2}}}\right\}$ 很小，对最大短路电流的贡献很小，可以忽略不计；同时，令 $x''_{daL1} \approx x''_{qaL1}$，可进一步简化式（4-41），于是可得到整流绕组交流侧短路电流的近似表达式 $i_{a1\sim}$ 如下：

$$i_{a1\sim} = \frac{kU_a}{4}\left\{\cos\delta_a\cos\theta\,\frac{1}{x_{daL1}(p)} + \sin\delta_a\sin\theta\,\frac{1}{x_{qaL1}(p)} - \frac{\cos(\theta_0 - \delta_a)}{x''_{daL1}}e^{-\frac{t}{T_{aL1}}}\right\}$$

$$(4\text{-}48)$$

由式（4-48）可算出整流绕组交流侧短路电流最大值的近似值 $i_{a1\sim\max}$，称式（4-48）为近似表达式，式（4-41）则称之为准确表达式，当然这里的"准确"也是相对的。

试验和数值计算表明，出现短路电流峰值的时刻在 7ms 左右，比单纯直流侧（空载）短路提前。

4.4.6　直流侧最大短路电流

根据参考文献 [21] 和前面得出的整流绕组交流侧短路电流的准确表达式（4-41）、近似表达式（4-48），相应的直流侧最大短路电流为

准确表达式：

$$i_{dc\max} = 3.831 i_{a1\max} \qquad (4\text{-}49)$$

近似表达式：

$$i_{dc\sim\max} = 3.831 i_{a1\sim\max} \qquad (4\text{-}50)$$

$i_{a1\max}$、$i_{a1\sim\max}$ 分别为由式（4-41）、式（4-48）所得整流绕组交流侧短路电流最大值。

4.5 电磁转矩

同第3章的分析方法类似，本节继续参照三相电机突然短路电磁转矩的分析方法，研究交流侧带负载时直流侧突然短路的电磁转矩。

4.5.1 交变转矩

1. 两套绕组的近似 d、q 轴短路电流

由参考文献 [6]，交流侧带负载时直流侧突然短路后两套绕组的近似 d、q 轴短路电流变化量为

$$i_{da1} \approx \frac{U_a \cos\delta_a}{x_{daL1}(p)}\mathbf{1} - \frac{U_a \mathrm{e}^{-\frac{t}{T_{aL1}}}}{x''_{daL1}}\cos(t+\delta_a)\mathbf{1} \tag{4-51}$$

$$i_{dA1} \approx -\frac{U_a \dfrac{\Delta x_{mL}}{S_L}\cos\delta_a}{x_{daL1}(p)}\mathbf{1} + \frac{\dfrac{\Delta x_{mL}}{S_L}U_a \mathrm{e}^{-\frac{t}{T_{aL1}}}}{x''_{daL1}}\cos(t+\delta_a)\mathbf{1} \tag{4-52}$$

$$i_{qa1} \approx -\frac{U_a \sin\delta_a}{x_{qaL1}(p)}\mathbf{1} + \frac{U_a \mathrm{e}^{-\frac{t}{T_{aL1}}}}{x''_{qaL1}}\sin(t+\delta_a)\mathbf{1} \tag{4-53}$$

$$i_{qA1} \approx \frac{\dfrac{\Delta x_{mL}}{S_L}U_a \sin\delta_a}{x_{qaL1}(p)}\mathbf{1} - \frac{\dfrac{\Delta x_{mL}}{S}U_a \mathrm{e}^{-\frac{t}{T_{aL1}}}}{x''_{qaL1}}\sin(t+\delta_a)\mathbf{1} \tag{4-54}$$

短路前的负载电流为

$$i_{dA0} \approx \frac{E_A - U_a \cos\delta_a}{x_{daL1}} \tag{4-55}$$

$$i_{qA0} \approx \frac{U_a \sin\delta_a}{x_{qaL1}} \tag{4-56}$$

式中，δ_a 为 $\dot{U}_a$ 与 jE_A 的夹角，U_a 为整流绕组相电压。

2. 等效三相电机的 d、q 轴短路电流

同第3章类似，等效三相电机的 d、q 轴短路电流为

$$i_{dM} = i_{dA1} + i_{da1} + i_{dA0}$$

$$i_{qM} = i_{qA1} + i_{qa1} + i_{qA0}$$

通常，式（4-52）和式（4-54）中的 $\dfrac{\Delta x_{mL}}{S_L}\left(= \dfrac{\Delta x_{lA1}\Delta x_{la1}}{\Delta x_{lA1} + \Delta x_{la1}} \right)$ 很

小，可以忽略与其有关的量。所以

$$i_{dM} \approx i_{da1} + i_{dA0}$$

$$= \frac{E_A}{x_{daL1}} + \left[\left(\frac{1}{x''_{daL1}} - \frac{1}{x'_{daL1}} \right) e^{-\frac{t}{T''_d}} + \left(\frac{1}{x'_{daL1}} - \frac{1}{x_{daL1}} \right) e^{-\frac{t}{T'_d}} \right] U_a \cos\delta_a$$

$$- \frac{e^{-\frac{t}{T_{aL1}}} U_a}{x''_{daL1}} \cos(t + \delta_a) \tag{4-57}$$

$$i_{qM} \approx i_{qa1} + i_{qA0}$$

$$= - \left[\left(\frac{1}{x''_{qaL1}} - \frac{1}{x'_{qaL1}} \right) e^{-\frac{t}{T''_q}} + \left(\frac{1}{x'_{qaL1}} - \frac{1}{x_{qaL1}} \right) e^{-\frac{t}{T'_q}} \right]$$

$$U_a \sin\delta_a + \frac{U_a}{x''_{qaL1}} e^{-\frac{t}{T_{aL1}}} \sin(t + \delta_a) \tag{4-58}$$

3. 磁链

由参考文献 [6]，按照三相电机的处理方法，可得突然短路后的 d、q 轴磁链为

$$\psi_{dA} \approx \psi_{da} \approx \psi_{dM} \approx U_a e^{-\frac{t}{T_{aL1}}} \cos(t + \delta_a) \tag{4-59}$$

$$\psi_{qA} \approx \psi_{qa} \approx \psi_{qM} = - U_a e^{-\frac{t}{T_{aL1}}} \sin(t + \delta_a) \tag{4-60}$$

4. 交变转矩

根据三相电机交变转矩的计算方法，忽略定转子回路的电阻（只考虑衰减），应用前面得出的电流和磁链的表达式，可得交流侧带负载时直流侧突然短路的交变电磁转矩。

$$M_{al\sim} = i_{qM}\psi_{dM} - i_{dM}\psi_{qM}$$

$$= \left\{ \frac{E_A}{x_{daL1}} + \left[\left(\frac{1}{x''_{daL1}} - \frac{1}{x'_{daL1}} \right) e^{-\frac{t}{T''_d}} + \left(\frac{1}{x'_{daL1}} - \frac{1}{x_{daL1}} \right) e^{-\frac{t}{T'_d}} \right] U_a \cos\delta \right\} U_a e^{-\frac{t}{T_{aL1}}} \sin(t + \delta_a)$$

$$- \left[\left(\frac{1}{x''_{qaL1}} - \frac{1}{x'_{qaL1}} \right) e^{-\frac{t}{T''_q}} + \left(\frac{1}{x'_{qaL1}} - \frac{1}{x_{qaL1}} \right) e^{-\frac{t}{T'_q}} \right] U_a^2 \sin\delta_a e^{-\frac{t}{T_{aL1}}} \cos(t + \delta_a)$$

$$- \frac{1}{2} \left(\frac{1}{x''_{daL1}} - \frac{1}{x''_{qaL1}} \right) U_a^2 e^{-\frac{2t}{T_{aL1}}} \sin 2(t + \delta_a) \tag{4-61}$$

4.5.2 平均转矩

根据三相电机突然短路平均转矩的物理意义（平均转矩等于定转子回路交变电流引起的电阻损耗），参照第 3 章的分析方法，

可得双绕组发电机交流侧带负载时直流侧突然短路的平均电磁转矩为

$$M_{alav} = (|i_{s1}|^2 + |i_{s2}|^2)R_{AaL} + \frac{1}{2}(|I_{d1}|^2 R_d + |I_{q1}|^2 R_q) \tag{4-62}$$

式中，

$$|i_{s1}|^2 = \left\{ \frac{E_A}{x_{daL1}} + \left[\left(\frac{1}{x''_{daL1}} - \frac{1}{x'_{daL1}} \right)e^{-\frac{t}{T''_d}} + \left(\frac{1}{x'_{daL1}} - \frac{1}{x_{daL1}} \right)e^{-\frac{t}{T'_d}} \right]U_a\cos\delta_a \right\}^2$$
$$+ \left\{ \left[\left(\frac{1}{x''_{qaL1}} - \frac{1}{x'_{qaL1}} \right)e^{-\frac{t}{T''_q}} + \left(\frac{1}{x'_{qaL1}} - \frac{1}{x_{qaL1}} \right)e^{-\frac{t}{T'_q}} \right]U_a\sin\delta_a \right\}^2 \tag{4-63}$$

$$|i_{s2}|^2 = \left\{ \left[\frac{1}{2}\left(\frac{1}{x''_{daL1}} - \frac{1}{x''_{qaL1}} \right)e^{-\frac{t}{T_{aL1}}} \right]U_a e^{-\frac{t}{T_{aL1}}} \right\}^2 \tag{4-64}$$

$$I_{d1} = \frac{U_a}{x''_{daL1}}e^{-\frac{t}{T_{aL1}}} \tag{4-65}$$

$$I_{q1} = \frac{U_a}{x''_{qaL1}}e^{-\frac{t}{T_{aL1}}} \tag{4-66}$$

$$R_d = x''_{daL1}\left(\frac{1}{T'_d} + \frac{1}{T''_d} - \frac{1}{T'_{d0}} - \frac{1}{T''_{d0}} \right) \tag{4-67}$$

$$R_q = x''_{qaL1}\left(\frac{1}{T'_q} + \frac{1}{T''_q} - \frac{1}{T'_{q0}} - \frac{1}{T''_{q0}} \right) \tag{4-68}$$

有关参数如下：

R_{AaL} 为两净漏阻抗支路（交流绕组的净漏阻抗含负载的阻抗）并联的等效电阻[7]：

$$R_{AaL} = \frac{\Delta x_{aL}r_{AL} + \Delta x_{AL}r_a}{S_L} \tag{4-69}$$

4.5.3 总电磁转矩

由式（4-61）和式（4-62），可得交流侧带负载时直流侧突然短路的电磁转矩 M_{al} 为

$$M_{al} = M_{al\sim} + M_{alav} \tag{4-70}$$

4.6 仿真与试验验证

4.6.1 短路电流

为了检验理论分析的正确性，利用第 2 章的电路仿真模型，对发电机交流侧带负载时直流侧突然短路进行了仿真研究，并在模拟样机上进行了短路试验。模拟样机的参数见附录 A。

1. 模拟样机的试验

模拟样机在交流侧带不同负载、直流侧空载下突然短路，直流侧短路电流的试验和计算结果如表 4-1 所示；交流侧带负载（$U_{AB} = 100V$, $I_A = 10A$, $\cos\varphi = 0.8$）、直流侧空载下突然短路的实测短路电流如图 4-7 所示。

表 4-1 模拟样机不同交流负载下，直流侧空载突然
短路试验、仿真和解析结果

U_{AB}/V	I_A/A	$\cos\varphi$	直流最大短路电流/A			误差（%）	
			试验	仿真	解析	仿真	解析
100	10	0.8	228.9	236.4	246.4	3.3	7.6
100	8.15	0.8	221.0	231.2	238.2	4.6	7.8
75.3	5.7	0.7	161.0	172.1	174.8	6.9	8.6

注：表中的计算值是由式（4-41）、式（4-49）得到的，近似计算式（4-48）、式（4-50）所得结果与其非常接近，相差只有约2%。

由图 4-7 可见，直流侧的短路电流可达很大的数值；而交流侧的短路电流小于短路前的负载电流，稳态时为一幅值很小的基波电流，这一点与理论分析所得结果一致；由表 4-1 可见，理论计算的结果与试验测试的结果比较接近，误差较小，这也表明前面的理论分析是正确的。

2. 模拟样机的仿真

模拟样机在不同交流负载下，直流侧空载突然短路试验、仿真和解析计算结果见表 4-1；模拟样机 $U_{AB} = 100V$、$I_A = 10A$、$\cos\varphi = 0.8$ 时，直流侧突然短路电流的电路仿真波形如图 4-8 所示。

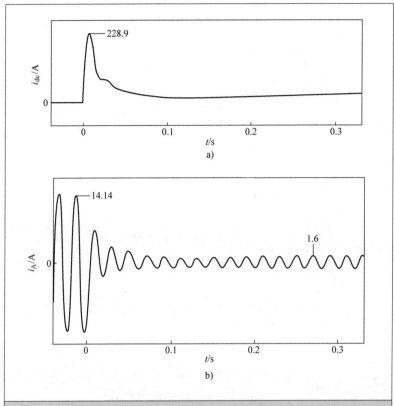

图 4-7　交流侧带负载、直流侧空载下突然短路时模拟样机短路电流实测波形
a）直流实测波形　b）交流实测波形

由表 4-1 和图 4-8 可见，仿真结果与试验结果比较接近，而且仿真结果比解析计算结果更准确，说明本书所建一般电路仿真模型仿真交流侧带负载时直流侧突然短路是有效的和可信的。

4.6.2　电磁转矩

1. 电路模型仿真

应用前面所建的仿真模型，通过设定相应的初始条件（与试验的条件一致），仿真交流侧带负载时直流侧突然短路的电磁转矩，并将仿真的结果与试验和理论计算结果进行比较，结果见下节。

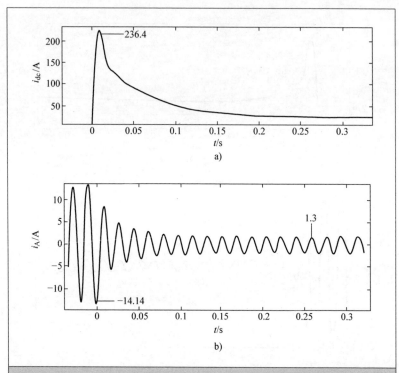

图 4-8　交流侧带负载、直流侧空载下突然短路时模拟样机短路电流仿真波形
a）直流仿真波形　b）交流仿真波形

2. 试验验证

本节通过模拟样机的试验检验解析分析和仿真的准确性，模拟样机主要参数见附录 A。

试验条件：双绕组模拟样机由直流电动机拖动（额定转速），他励，在交流侧带负载情况下，直流侧突然短路。利用转矩测量仪和计算机高速数据采集系统采集短路后的转矩实时波形。试验、解析计算和仿真结果见表 4-2。$U_{AB} = 84V$ 时的突然短路电磁转矩实测波形如图 4-9 所示，仿真波形如图 4-10 所示。

由表 4-2、图 4-9 和图 4-10 可见，试验与解析计算和仿真结果的误差基本在工程允许范围内，理论分析与试验吻合得较好，说明本书的解析分析和建模仿真是准确的。

表 4-2 模拟样机交流侧带负载时，直流侧突然短路试验、计算和仿真结果比较

U_{AB}/ V	I_A/ A	$\cos\varphi$	实测 最大转矩 （pu）	计算 最大转矩 （pu）	误差 （%）	仿真 最大转矩 （pu）	误差 （%）	备注
60	4.0	0.8	0.80	0.73	8.8	0.75	6.3	解析计算
70	4.7	0.8	1.05	1.14	8.6	1.17	11.4	用的公式
84	5.8	0.8	1.53	1.43	6.5	1.47	3.9	是式（4-70）

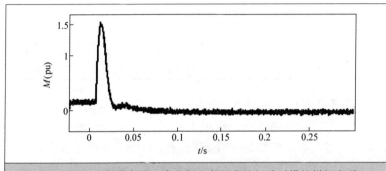

图 4-9 交流侧带负载、直流侧空载下突然短路时模拟样机电磁
转矩实测波形

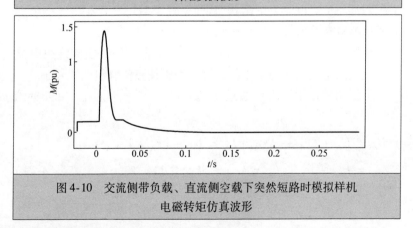

图 4-10 交流侧带负载、直流侧空载下突然短路时模拟样机
电磁转矩仿真波形

4.7 交流负载对短路电流的影响

因为双绕组发电机的交流电压主调、直流电压浮动，所以在

分析交流负载对直流侧短路电流的影响时，应保持交流电压不变，改变负载电流或功率因数大小。

4.7.1 负载大小对短路电流的影响

模拟样机在 $U_{AB} = 100V$，$\cos\varphi = 0.8$ 不同交流负载电流时，由式（4-49）算出的直流侧短路电流最大值及试验结果见表4-3。计算和试验所得到达最大电流的时刻，均在7ms附近。

表4-3　模拟样机交流侧带负载时，直流侧突然短路电流最大值试验和计算结果比较

I_A/A	0	2.35	5.85	8.15	10
计算/A	213.5	217.4	228.1	238.2	246.4
试验/A	196.2	206.9	215.0	221.5	228.9

由表4-3可见，在同一交流电压和一定功率因数下，随着交流负载的增大，直流侧短路电流最大值增大。这是因为，若负载电流增大，则电枢反应增加，绕组漏阻抗的压降也增加（见图4-1的矢量图），为保持交流电压不变，必须增加励磁电流以抵消增加的电枢反应和补偿增加的绕组漏阻抗压降（电枢磁势和绕组漏阻抗压降都与负载电流成正比），从而使气隙磁场及其在整流绕组感应的气隙电动势增大，这个因素使整流绕组电压增大；另一方面，交流绕组与整流绕组之间还存在漏磁场耦合作用，交流绕组电流在整流绕组中产生互漏抗压降，这个因素使整流绕组电压减小。

上述两种作用因素可通过式（4-71）进一步说明。由矢量图4-1可得

$$\dot{U}_a = \dot{U}_A + (r_A + j\Delta x_{lA1})\,\dot{I}_A = \dot{U}_A + [r_A + j(x_{lA} - x_{lmAa})]\,\dot{I}_A$$

$$= \dot{E}_{\delta A} - jx_{lmAa}\,\dot{I}_A = k\dot{E}_{\delta y} - jkx_{lmAy}\,\dot{I}_A \tag{4-71}$$

式中，$E_{\delta A}$、$E_{\delta y}$ 分别为交流绕组和整流绕组气隙电动势。

式（4-71）体现了上述两种因素的作用，通常 $x_{lA} > x_{lmAa}$，第一因素起主要作用，因此交流绕组电流使整流绕组电压增大。所以在同一交流电压和一定功率因数下，随着交流负载的增大，直流侧短路电流最大值增大。

显然，同一交流电压下，交流带负载时直流侧突然短路的电流大于交流空载时直流侧突然短路的电流。

上面通过解析计算和试验分析了交流负载对直流侧短路电流的影响，下面用仿真的方法作进一步研究。

模拟样机在 $U_{AB} = 100V$，$\cos\varphi = 0.8$，不同交流负载电流时，直流侧短路电流最大值的试验和仿真结果见表4-4。

表4-4 模拟样机交流侧带负载时，直流侧突然短路电流最大值试验和仿真结果比较

I_A/A	0	2.35	5.85	8.15	10
计算/A	211.2	214.0	224.6	231.2	236.4
试验/A	196.2	206.9	215.0	221.5	228.9

仿真和试验所得到达最大电流的时刻，均在7ms附近。

由表4-4可见，在同一交流电压和一定功率因数下，随着交流负载的增大，直流侧短路电流最大值也增大，这与前面的分析一致。

4.7.2 负载功率因数对短路电流的影响

模拟样机在 $U_{AB} = 100V$，$I_A = 10A$ 时，用式（4-49）计算带不同功率因数（额定功率因数附近）的交流负载时直流侧的短路电流最大值，计算结果和试验结果见表4-5。计算和试验所得到达最大电流的时刻，均在7ms附近。

表4-5 模拟样机交流侧带不同功率因数负载时，直流侧突然短路电流最大值试验和计算结果比较

$\cos\varphi$	0.6	0.7	0.8	0.9
计算/A	247.1	246.8	246.4	245.8
试验/A	230.0	228.6	228.9	224.0

由表4-5可见，在同一交流电压和负载电流的情况下，随着功率因数的变化（额定功率因数附近），直流侧短路电流最大值变化不大，所以功率因数对直流侧短路电流的影响很小。这是由于功率因数改变后，电枢反应、绕组漏阻抗压降（见图4-1的矢量图）均会有所变化，为保持交流电压不变，必须相应地改变励磁电流，

但由于负载电流保持不变，使得交流绕组磁势和漏阻抗压降的大小不变，仅是相角有所变化（仅在额定功率因数附近），这对整流绕组交流侧短路前电压影响不大，所以对短路电流影响不大。

　　模拟样机在 $U_{AB} = 100V$，$I_A = 10A$，不同功率因数（额定功率因数附近）交流负载时，直流侧短路电流最大值的仿真和试验结果见表4-6。

表4-6　模拟样机交流侧带不同功率因数负载时，直流侧突然短路电流
　　　　最大值试验和仿真结果比较

$\cos\varphi$	0.6	0.7	0.8	0.9
计算/A	236.2	236.6	236.4	235.8
试验/A	230.0	228.6	228.9	224.0

　　仿真和试验所得到达最大电流的时刻，均在7ms附近。

　　由表4-6可见，在同一交流电压和负载电流的情况下，随着功率因数的变化（额定功率因数附近），直流侧短路电流最大值变化不大，所以功率因数对直流侧短路电流的影响很小，这也与计算的分析完全一致。

　　另外，若功率因数太低，则式（4-41）的误差会较大。这是由于在推导解析式的过程中，忽略了整流绕组的电阻和净漏抗的有关项。这在交流负载为额定功率因数附近时，由于负载的电阻电抗都较大，不会带来较大的误差；但在功率因数很低，例如功率因数接近零时，由于负载的电阻很小，忽略了整流绕组的电阻会导致较大的误差。而电路仿真模型则没有忽略这些量，所以结果更准确。例如，纯电感负载，$U_{AB} = 100V$，$I_A = 10A$ 时，直流侧短路电流最大值计算结果约为247A，仿真结果约为233A，实测为220A。因此，对交流负载功率因数偏离额定值较大的情况，应该用电路模型仿真的方法进行分析。

　　由以上仿真结果可见，同一交流电压下，交流带负载时直流侧空载突然短路的最大短路电流大于直流侧单独空载突然短路的最大短路电流，这与前面分析的结论一致。

　　因此，本书所建双绕组发电机系统的一般电路仿真模型是准

确的，用它来研究 3/12 相双绕组发电机系统的性能是可靠的。电路模型仿真不仅避免了繁琐的解析推导过程，而且可以得到较准确的结果，所以电路模型仿真是研究双绕组发电机系统的一个非常重要的方法。

4.7.3　与空载短路的比较

交直流均空载的情况下，直流侧突然短路的计算公式与十二相同步发电机直流侧突然短路的公式相同。十二相同步发电机直流侧突然短路时，整流绕组交流侧的短路电流计算公式为[10]

$$
i'_{a1} = \left\{
\begin{array}{l}
\left[\left(\dfrac{1}{x''_d} - \dfrac{1}{x'_d} \right)e^{-\frac{t}{T''_{d-}}} + \left(\dfrac{1}{x'_d} - \dfrac{1}{x_d} \right)e^{-\frac{t}{T'_{d-}}} + \dfrac{1}{x_d} \right]\cos\theta \\
- \dfrac{1}{2}\left(\dfrac{1}{x''_d} - \dfrac{1}{x''_q} \right)e^{-\frac{t}{T_a}} \cdot \cos\theta_0 - \dfrac{1}{2}\left(\dfrac{1}{x''_d} + \dfrac{1}{x''_q} \right)e^{-\frac{t}{T_a}}\cos(2t + \theta_0)
\end{array}
\right\} E_y 1
$$

$$(4-72)$$

式中，x''_d、x'_d、x_d 为四 Y 的综合参数，T_a 为十二相整流绕组定子时间常数，T'_{d-}、T''_{d-}、T'_{q-}、T''_{q-} 为相应于单纯直流侧突然短路转子的短路时间常数，

$$
T_a = \frac{1}{r_y} \frac{2x''_d x''_q}{(x''_d + x''_q)} \tag{4-73}
$$

下面从式（4-41）推导出式（4-72）。

交流空载，相当于交流负载的阻抗为无穷大，即 R、X 为无穷大，电流为 0；此时，由式（4-17）～式（4-25）以及 2.6.3 节的关系式可得

$$
x_{lAL} = x_{lA} + X = X, \quad \Delta x_{lAL} = x_{lAL} - x_{lmAa} = X \tag{4-74}
$$

$$
S_L = \Delta x_{la1} + \Delta x_{lAL1} = X, \quad \Delta x_{aL} = \frac{\Delta x_{la1}^2}{S_L} = 0,
$$

$$
\Delta x_{AL} = \frac{\Delta x_{lAL1}^2}{S_L} = X \tag{4-75}
$$

$$
R_{AaL} = \frac{\Delta x_{aL} r_{AL} + \Delta x_{AL} r_a}{S_L} = r_a = \frac{k^2}{4} r_y \tag{4-76}
$$

$$
x_{daL1}(p) = x_{da}(p) - \Delta x_{aL} = x_{da}(p) = \frac{k^2}{4} x_d(p) \tag{4-77}
$$

$$x_{qaL1}(p) = x_{qa}(p) - \Delta x_{aL} = x_{qa}(p) = \frac{k^2}{4}x_d(p) \quad (4\text{-}78)$$

$$x''_{daL1} = \frac{k^2}{4}x''_d, \quad x'_{daL1} = \frac{k^2}{4}x'_d \quad (4\text{-}79)$$

$$x''_{qaL1} = \frac{k^2}{4}x''_q, \quad x'_{qaL1} = \frac{k^2}{4}x'_q \quad (4\text{-}80)$$

由式（4-27）、式（4-29）、式（4-30）及上面所得各式，可得

$$T_{aL1} = \frac{2x''_{daL1}x''_{qaL1}}{R_{AaL}(x''_{daL1} + x''_{qaL1})} = \frac{2x''_{da}x''_{qa}}{r_a(x''_{da} + x''_{qa})} = \frac{2x''_d x''_q}{r_y(x''_d + x''_q)} = T_a$$
$$(4\text{-}81)$$

$$T'_d = \frac{x'_d}{x_d}T'_{do} = T'_{d_-}, \quad T''_d = \frac{x''_d}{x'_d}T''_{do} = T''_{d_-} \quad (4\text{-}82)$$

$$T'_q = \frac{x'_q}{x_q}T'_{qo} = T'_{q_-}, \quad T''_q = \frac{x''_q}{x'_q}T''_{qo} = T''_{q_-} \quad (4\text{-}83)$$

同时由图 4-1 可见，当交流电流为 0 时，

$$\delta_a = 0 \text{、} U_a = E_A = kE_y \quad (4\text{-}84)$$

还有，交流负载的阻抗为无穷大时，

$$\frac{k}{4}U_a\left\{\frac{\cos(\theta - \delta_a + \gamma)}{\sqrt{R_y^2 + S_L^2}} - \frac{\cos(\theta_0 - \delta_a + \gamma)}{\sqrt{R_y^2 + S_L^2}}e^{-\frac{t}{T_{aL2}}}\right\} = 0$$
$$(4\text{-}85)$$

将式（4-77）～式（4-85）代入式（4-41），可得到式（4-72）。可见单纯直流侧短路电流的计算公式仅是本章关于交流侧带负载直流侧突然短路所得结果的一个特例，这也从一个侧面证明了式（4-41）的正确性。

4.8　本章小结

本章应用解析的方法分析了交流带负载时直流侧突然短路的过渡过程。所完成的工作和说明如下：

1）分析了交流带负载时直流侧的空载电压及稳态运行相量图（短路前）。

2）应用叠加原理，给出了短路后的 d、q 轴基本电压方程。

3）得出了短路后的特征方程，解出了定子时间常数 T_{aL1}、T_{aL2} 和转子时间常数 T'_d、T''_d、T'_q、T''_q。

4）给出了 dq 和 abc 坐标系中短路电流的完整表达式，并进行了简化，得到了整流绕组交流侧短路电流的近似表达式。

5）给出了直流侧短路电流最大值的准确、近似表达式。

6）直流侧突然短路后，交流侧的电流小于短路前的负载电流，稳态时为一幅值很小的基波电流；交流侧的电压迅速下降为一很小的稳态值。

7）参照三相电机突然短路电磁转矩的分析方法，研究了交流侧带负载时直流侧突然短路的电磁转矩。

8）分析了交流带负载对短路电流的影响：在同一交流电压和负载电流的情况下，随着功率因数的变化，直流侧短路电流最大值变化不大，到达最大电流的时刻也变化不大；在同一交流电压和一定功率因数下，随着交流负载的增大，直流侧短路电流最大值增大，到达最大电流的时刻变化不大。同一交流电压下，双绕组发电机交流带负载直流侧突然短路的电流大于单纯的直流侧空载突然短路的电流。

9）证明了单纯直流侧短路电流的计算公式仅是本章所得结果的一个特例，从一个侧面证明了本章所得计算公式的正确性。

10）通过试验检验了理论分析的准确性。

第5章 直流侧带负载时交流侧突然短路的过渡过程分析

双绕组交直流发电机直流侧带负载时交流侧突然短路是双绕组交直流发电机特有的一种突然短路工况。该突然短路分两种情况：一种是交流侧三相对称短路，另一种是交流侧两相不对称短路（线对线短路）。由于十二相整流桥是强非线性环节，使得解析分析非常困难，所以本书仅采用电路模型仿真的方法对其电磁转矩进行研究。

5.1 对称短路

应用第 2 章所建的仿真模型，通过设定相应的初始条件（与试验的条件一致），仿真直流侧带负载时交流侧对称突然短路的电磁转矩，仿真结果与试验结果的比较见表 5-1。

表 5-1 模拟样机直流侧带负载时交流侧对称突然短路试验和仿真结果比较

| U_{AB}/V | U_{dc}/V | I_{dc}/A | 最大转矩（pu） | | | 备注 |
			实测	仿真	误差（%）	
60.0	34.5	6.2	0.58	0.64	10.3	直流侧为电阻负载
80.0	44.8	15.0	1.10	1.02	7.3	
100.0	57.8	20.0	1.54	1.44	6.5	

$U_{AB} = 100\text{V}$、$U_{dc} = 57.8\text{V}$、$I_{dc} = 20\text{A}$ 时的对称突然短路电磁转矩实测波形如图 5-1 所示，同种情况下的仿真波形如图 5-2 所示。

由表 5-1、图 5-1 和图 5-2 可见，仿真结果与试验结果比较接近，误差基本在工程范围内，说明本书所建一般电路仿真模型是准确的。

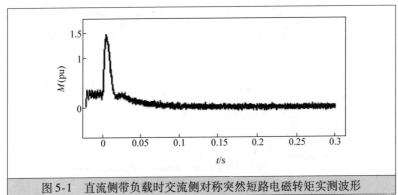

图 5-1 直流侧带负载时交流侧对称突然短路电磁转矩实测波形

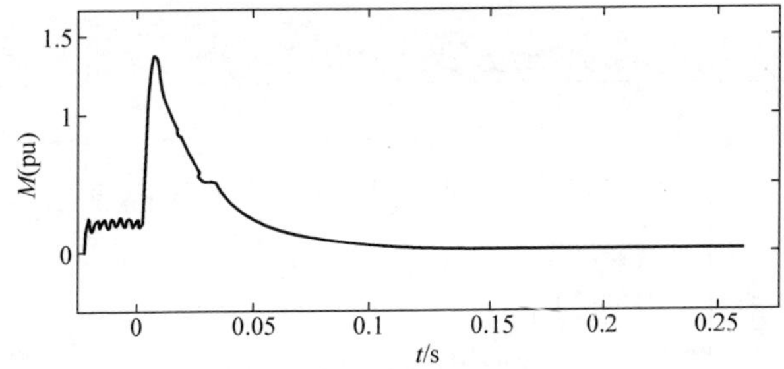

图 5-2 直流侧带负载时交流侧对称突然短路电磁转矩仿真波形

5.2 不对称短路

应用第 2 章所建的仿真模型，通过设定相应的初始条件（与试验的条件一致），仿真直流侧带负载时交流侧不对称突然短路（线对线）的电磁转矩，仿真的结果与试验结果的比较见表 5-2。

表 5-2 模拟样机直流侧带负载时交流侧不对称突然短路试验和仿真结果比较

U_{AB}/V	U_{dc}/V	I_{dc}/A	θ_0（°）	最大转矩（pu）			备注
				实测	仿真	误差（%）	
60.0	34.5	6.2	118.0	0.57	0.51	11.7	直流侧为电阻负载
80.0	44.8	15.0	67.5	1.02	1.07	4.7	
100.0	57.8	20.0	78.5	1.71	1.57	8.9	

　　$U_{AB} = 100\text{V}$、$U_{dc} = 57.8\text{V}$、$I_{dc} = 20\text{A}$ 时的不对称突然短路电磁转矩实测波形如图 5-3 所示，同种情况下的仿真波形如图 5-4 所示。

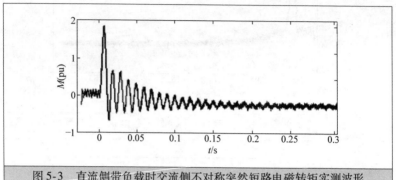

图 5-3　直流侧带负载时交流侧不对称突然短路电磁转矩实测波形

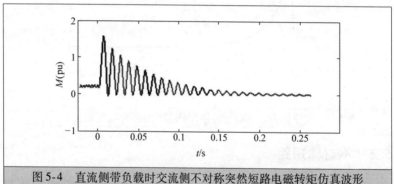

图 5-4　直流侧带负载时交流侧不对称突然短路电磁转矩仿真波形

　　由表 5-2、图 5-3 和图 5-4 可见，仿真结果与试验结果比较接近，误差基本在工程范围内，说明本书所建一般电路仿真模型是准确的。

5.3　说明

1. 直流侧负载影响

　　直流侧的负载可以为电阻负载，也可以为反电动势负载。由于试验时没有反电动势负载，所以只进行了电阻负载的试验。根据仿真结果分析，电阻负载和反电动势负载的区别在于短路后直流侧的电流。电阻负载时，短路后会有一较小的直流电流，而反电动势负载短路后一般直流侧的电流为零，仿真结果表明两种情况下的最大转矩相差不大，可以近似认为相等。

2. 合闸角影响

三相对称短路的电磁转矩与合闸角关系不大[9]，在直流侧带负载的情况下，合闸角对三相对称短路电磁转矩也没有明显的影响，试验和仿真结果说明了这一点。

在直流侧带负载的情况下，合闸角对三相不对称（线对线）短路电磁转矩有很大的影响：在 $\theta_0 = \pi/2$ 的情况下，转矩的峰值最大；在 $\theta_0 = 0$ 的情况下，转矩的峰值最小。原因可以借鉴三相电机突然线对线短路的表达式近似说明如下：

一般三相电机线对线突然短路的电磁转矩表达式[8]为

交变转矩：

$$M_\sim = 2E^2 \left\{ \left[x_2 F_{d2}^2 + \frac{be^{-\frac{2t}{T_{a2}}}\sin^2\theta_0}{x_2} \right] (\sin2\theta - 2b\sin4\theta + 3b^2\sin6\theta - \cdots) \right.$$
$$\left. - F_{d2}e^{-\frac{t}{T_{a2}}}\sin\theta_0(\cos\theta - 3b\cos3\theta + 5b^2\cos5\theta - \cdots) \right\}$$

$$(5\text{-}1)$$

平均转矩：

$$M_{av} = 2\left[(EF_{d2})^2 + \left(\frac{EA_2\sin\theta_0}{x_2}\right)^2 b^2 \right]\frac{r}{1-b} +$$

$$\frac{1}{2}\left[(EF_{d2})^2 + \left(\frac{EA_2\sin\theta_0}{x_2}\right)^2 \right]\left(\frac{1+b}{1-b}R_d + \frac{1-b}{1+b}R_q\right) \quad (5\text{-}2)$$

式中主要参数意义如下：

$$b = \frac{\sqrt{x_q''} - \sqrt{x_d''}}{\sqrt{x_q''} + \sqrt{x_d''}} \quad (5\text{-}3)$$

$$x_2 = \sqrt{x_d'' x_q''} \quad (5\text{-}4)$$

$$F_{d2} = \left(\frac{1}{x_d''+x_2} - \frac{1}{x_d'+x_2}\right)e^{-\frac{t}{T_{d2}}} + \left(\frac{1}{x_d'+x_2} - \frac{1}{x_d+x_2}\right)e^{-\frac{t}{T_{d2}}} + \frac{1}{x_d+x_2}$$

$$(5\text{-}5)$$

其他参数的意义可以参见参考文献 [3]。

可见，线对线突然短路的交变电磁转矩的表达式包含各次谐波分量，各次谐波的幅值与合闸角直接相关：$\theta_0 = \pi/2$，各次谐波的幅值最大；$\theta_0 = 0$，各次谐波的幅值最小。平均转矩也是与合闸角直接相关：$\theta_0 = \pi/2$ 时最大；$\theta_0 = 0$ 时最小。

在直流侧带负载的情况下，三相不对称（线对线）突然短路的过渡过程与一般三相电机的线对线突然短路的过渡过程类似，最大转矩与合闸角也应有类似的关系。

3. 转矩最大值比较

仿真和试验表明，在同种工况下，直流侧带负载的三相不对称（线对线）突然短路的最大转矩比三相对称突然短路的最大转矩大得多。原因也可借鉴一般三相电机进行说明。

由于转矩最大值主要是由交变转矩决定，所以下面仅用交变转矩进行说明。

一般三相电机三相对称突然短路的交变转矩为

$$M_{\sim} = \left[\left(\frac{1}{x''_d} - \frac{1}{x'_d} \right) e^{-\frac{t}{T''_d}} + \left(\frac{1}{x'_d} - \frac{1}{x_d} \right) e^{-\frac{t}{T'_d}} + \frac{1}{x_d} \right] E_0^2 e^{-\frac{t}{T_a}} \sin t -$$

$$\frac{1}{2} \left(\frac{1}{x''_d} - \frac{1}{x''_q} \right) E_0^2 e^{-\frac{2t}{T_a}} \sin 2t \qquad (5\text{-}6)$$

影响三相对称短路和不对称短路转矩的主要分量是基波分量和二次谐波分量，根据式（5-1）和式（5-6），忽略衰减时两种情况下交变转矩的基波和二次谐波幅值比较见表5-3。

表 5-3　两种情况下交变转矩的基波和二次谐波幅值比较

短路种类	基波幅值	二次谐波幅值
三相对称短路	$\dfrac{E^2}{x''_d}$	$\dfrac{1}{2} \left(\dfrac{1}{x''_d} - \dfrac{1}{x''_q} \right) E^2$
线对线不对称短路	$\dfrac{2E^2}{x''_d + x_2}$	$\dfrac{2(2x_2^2 - x''^2_d)}{x_2 \, (x''_d + x_2)^2} E^2$

可见，线对线不对称短路的基波幅值比三相对称短路稍小，但二次谐波幅值却比三相对称短路大很多，所以总的转矩最大值

可能会大很多。例如，$x''_d = 0.15$，$x''_q = 0.3$，$x_2 = 0.212$，$E = 1$ 时的计算结果见表 5-4。

表 5-4　某工况下，两种情况下交变转矩的基波和二次谐波幅值比较

短路种类	基波幅值	二次谐波幅值
三相对称短路	6.7	1.7
线对线不对称短路	5.5	4.9

为了近似估计最大转矩，忽略衰减，并令 $x''_d = x''_q$，在 $\theta_0 = \pi/2$ 时，由式（5-1）得

$$M_\sim = \frac{E^2}{x''_d}\left(\sin t - \frac{1}{2}\sin 2t \right) \tag{5-7}$$

在 $t = 2\pi/3$ 时，可得最大转矩为

$$M_{\max} = \frac{3\sqrt{3}}{4}\left(\frac{E^2}{x''_d} \right) \approx 1.3\left(\frac{E^2}{x''_d} \right) \tag{5-8}$$

而三相对称短路的最大转矩近似式为

$$M_{\max} = \frac{E^2}{x''_d} \tag{5-9}$$

显然，线对线短路的最大转矩比三相对称短路转矩大很多。

第6章 短路电流和电磁转矩综合分析

6.1 等互感与不等互感模型对短路电流的影响

根据交流绕组与整流绕组各 Y 间以及整流绕组各 Y 之间互感的相等与不相等，电路仿真模型可分为四种：

模型 I：Y_A 与 Y_j 间等互感，Y_j 相互间也等互感；

模型 II：Y_A 与 Y_j 间不等互感，Y_j 相互间也不等互感；

模型 III：Y_A 与 Y_j 间等互感，Y_j 相互间不等互感；

模型 IV：Y_A 与 Y_j 间不等互感，Y_j 相互间等互感。

其中，Y_A 表示交流绕组，Y_j（$j = \overline{1, 4}$）表示整流绕组各 Y。所谓不等互感就是直接用相应互感的真实值作为互感，等互感就是用相应互感真实值的平均值作为互感。模型 I 是等互感模型（即采用本书引入的两项假设的模型），其他三种为不等互感模型，其中，模型 II 为一般电路仿真模型。本节用仿真的方法比较这些模型对短路电流的影响。以工程样机为例进行分析。

6.1.1 对交流侧和直流侧电流的影响

用四种模型仿真工程样机交、直流同时突然短路。$U_{AB} = 0.471$，其他条件见 3.8.1 节。交、直流同时突然短路，交流电流（C 相）波形如图 6-1 所示，直流侧电流如图 6-2 所示。由图可见，四种电路模型仿真所得交流侧和直流侧电流波形非常接近，最大值相差不到 1.5%，到达最大值的时刻（10ms 附近）也差不多。

另外，还用四种电路模型仿真了额定电压下交、直流同时突然短路时的交流电流，它们的波形也很接近，四种模型仿真的最大短路交流电流均为 7.740 左右，直流侧电流最大值均为 6.856 左右。

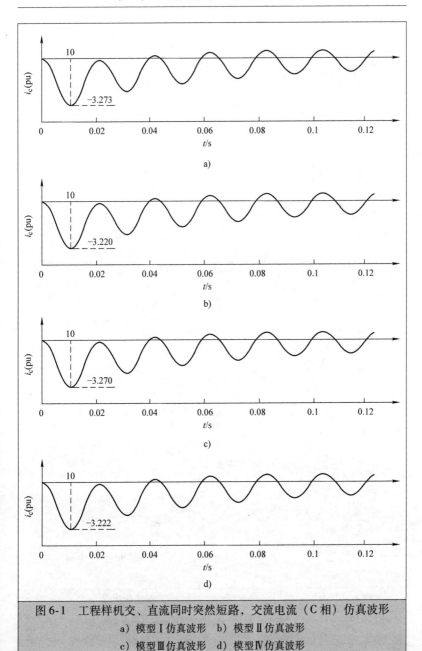

图 6-1　工程样机交、直流同时突然短路，交流电流（C 相）仿真波形
a）模型 I 仿真波形　b）模型 II 仿真波形
c）模型 III 仿真波形　d）模型 IV 仿真波形

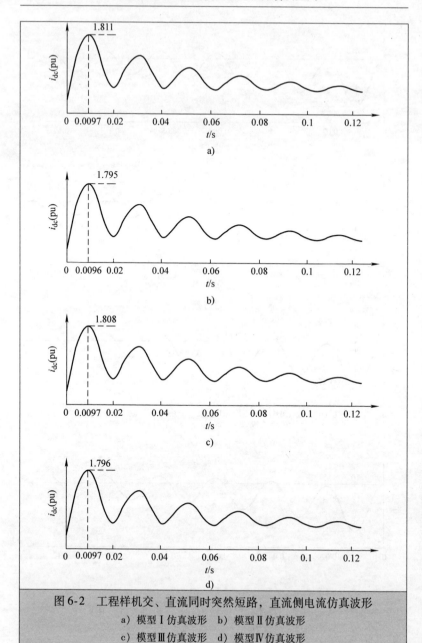

图 6-2　工程样机交、直流同时突然短路，直流侧电流仿真波形
a）模型 I 仿真波形　b）模型 II 仿真波形
c）模型 III 仿真波形　d）模型 IV 仿真波形

所以, 本书所采用的两个假设对交流侧和直流侧短路电流影响很小, 可忽略不计。这体现了本书所用两个假设的合理性。

6.1.2 对整流绕组交流侧电流的影响

工程样机空载额定电压下交、直流同时突然短路, 同一条件下, 模型 I 和 II 仿真整流绕组交流侧相电流 (i_{b1}、i_{b2}、i_{b3}、i_{b4}) 的波形如图 6-3 所示。

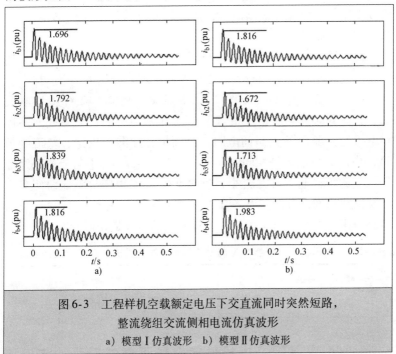

图 6-3 工程样机空载额定电压下交直流同时突然短路,
整流绕组交流侧相电流仿真波形
a) 模型 I 仿真波形 b) 模型 II 仿真波形

模型 III 和 IV 的仿真结果分别与模型 I 和 II 的仿真结果基本一致。

可见, 模型 I、III 所得各 Y 相电流比较均衡 (最大值不同是由于短路起始角不同), 相位依次相差 15°; 模型 II、IV 所得整流绕组各 Y 相电流相差较大, 同样条件下, 两种模型仿真的 i_{b4} 最大值相差 0.167 (约为两者平均值的 9%)。

因此, 整流绕组各 Y 与交流绕组的互漏抗不相等对整流绕组各 Y 电流的分配有着显著的影响, 这体现了本书引入的第二假设

（整流绕组各 Y 与交流绕组等互漏抗的假设）的局限性。若要研究交流绕组有电流情况下的整流绕组交流侧的相电流，则不可采用该假设，只能采用整流绕组各 Y 与交流绕组的互漏抗不相等的电路模型（模型Ⅱ或Ⅳ）。另外，由前面的仿真结果可知，整流绕组 4Y 之间互漏抗不相等对各 Y 电流分配的影响很小，这说明本书所引入的第一假设（整流绕组 4Y 之间互漏抗相等）是合理的，无论研究交流侧或直流侧短路电流，还是研究整流绕组交流侧相电流，都可按等互感处理。

仿真结果表明，整流绕组 4Y 中与交流绕组互漏抗较大的，其短路电流较小；反之则较大。这一点的物理解释如下：

由电机等效电路（见图 2-7、图 2-8）可知，双绕组发电机交、直流同时突然短路，相当于 d、q 轴所有支路并联短路，其短路电流的分配由各支路的电阻、自漏抗和互漏抗决定；整流绕组 4Y 的电阻和自漏抗是相同的，显然，整流绕组 4Y 中与交流绕组互漏抗大的短路电流必然会小，反之亦然（工程样机整流绕组各 Y 与交流绕组间的互漏抗及各 Y 之间的互漏抗见表 6-1）。这一点与线路电阻影响交、直流侧短路电流分配的道理是相似的。

表 6-1　工程样机整流绕组各 Y 与交流绕组间的互漏抗及各 Y 之间的互漏抗

名　称	x_{lmAy1}	x_{lmAy2}	x_{lmAy3}	x_{lmAy4}	x_{lm1}	x_{lm2}
漏抗（pu）	0.0319	0.0418	0.0418	0.0319	0.00304	− 0.0309

6.2　典型双绕组发电机额定电压下突然短路冲击电流比较

额定电压时，典型双绕组发电机（工程样机）的交流侧空载下单独突然短路、直流侧空载下单独突然短路、交直流同时突然短路和交流带额定负载时直流侧空载下突然短路冲击电流的仿真和解析计算结果见表 6-2，相应的短路电流波形如图 6-4 ~ 图 6-7所示。以上均未考虑线路电阻。

表6-2　工程样机不同短路情况下冲击电流的仿真和解析计算结果

短路种类	仿真（pu）		解析（pu）		误差（%）	
	i_A	i_{dc}	i_A	i_{dc}	i_A	i_{dc}
纯交流短路	10.416		10.320		0.9	
纯直流短路		16.149		16.077		0.4
交、直流同时短路	7.740	6.856	7.557	6.804	2.4	0.8
交流带负载时直流短路		17.654		17.439		1.2

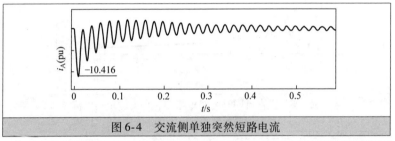

图6-4　交流侧单独突然短路电流

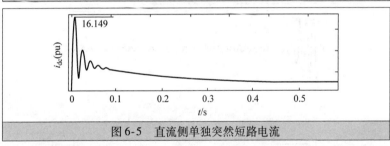

图6-5　直流侧单独突然短路电流

由表6-2、图6-4～图6-7可见，额定交流电压下，典型双绕组发电机在以上四种突然短路故障时的冲击电流有如下关系（不考虑线路电阻）：

1）交流侧最大短路电流发生在三相突然短路中，其值约为交、直流同时突然短路交流侧最大短路电流的1.35倍，即同时突然短路交流侧最大短路电流约为三相突然短路最大短路电流的75%；到达最大电流的时刻均在10ms左右。

2）直流侧最大短路电流发生在交流额定负载时直流侧突然短

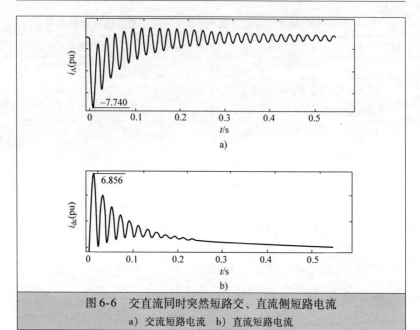

图 6-6 交直流同时突然短路交、直流侧短路电流
a）交流短路电流 b）直流短路电流

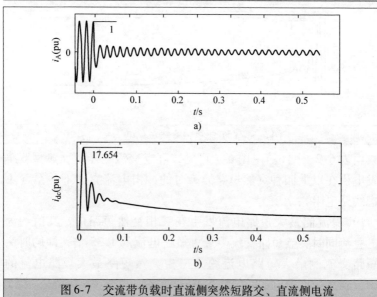

图 6-7 交流带负载时直流侧突然短路交、直流侧电流
a）交流电流 b）直流短路电流

路中，其值约为直流侧单独突然短路最大短路电流的 1.1 倍，即直
流侧单独突然短路最大短路电流约为交流额定负载直流侧突然短
路电流的 90%；而直流侧单独突然短路又是同时突然短路直流侧
最大短路电流的 2.35 倍左右；到达最大电流的时刻略有差异：直
流侧单独突然短路约为 10ms；同时突然短路约为 10ms；交流额定
负载直流侧突然短路约为 7ms。

以上结论可为双绕组发电机和保护装置的优化设计提供必要
的理论依据。

6.3 典型双绕组发电机额定电压下突然短路冲击转矩比较

前面的试验已经充分检验了本书所建仿真模型的准确性，为
了对工程有较好的指导作用，下面对典型双绕组发电机（工程样
机）进行全面仿真，工程样机参数见附录 A。

额定电压时，工程样机的交流侧单独对称和不对称突然短路、
直流侧单独突然短路、交直流侧同时突然短路、交流侧带额定负
载时直流侧空载下突然短路、直流侧带额定负载时交流侧空载下
对称和不对称突然短路冲击转矩的仿真结果见表 6-3，相应的电磁
转矩的波形如图 6-8 ~ 图 6-14 所示。

表 6-3 工程样机不同短路情况下冲击转矩的仿真结果

编号	短路种类	最大转矩（pu）	备注
1	交流三相对称短路	6.19	
2	交流线对线不对称短路	8.59	$\theta_0 = \pi/2$
3	直流短路	5.07	
4	交直流同时短路	6.48	
5	交流带负载时直流短路	5.97	
6	直流带负载时 交流三相对称短路	6.33	
7	直流带负载时 交流线对线不对称短路	9.02	$\theta_0 = \pi/2$

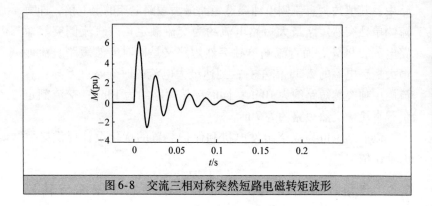

图 6-8　交流三相对称突然短路电磁转矩波形

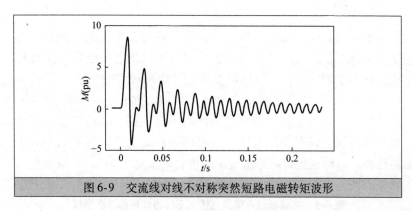

图 6-9　交流线对线不对称突然短路电磁转矩波形

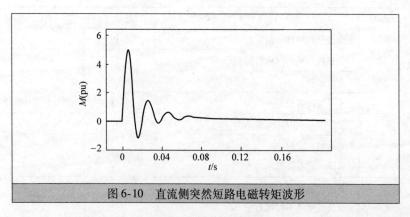

图 6-10　直流侧突然短路电磁转矩波形

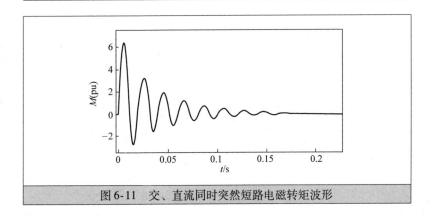

图 6-11　交、直流同时突然短路电磁转矩波形

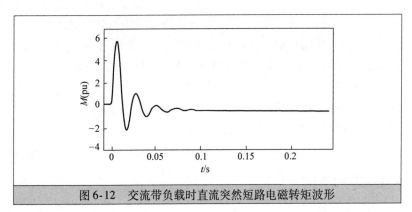

图 6-12　交流带负载时直流突然短路电磁转矩波形

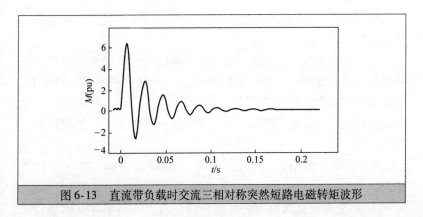

图 6-13　直流带负载时交流三相对称突然短路电磁转矩波形

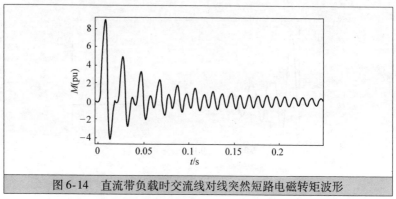

图 6-14　直流带负载时交流线对线突然短路电磁转矩波形

由表 6-3、图 6-8 ~ 图 6-14 可见，额定交流电压下，典型双绕组发电机在以上七种突然短路故障时的冲击转矩有如下关系：

1）最大冲击转矩发生在直流带负载时交流线对线不对称突然短路中，其值比交流线对线不对称突然短路的冲击转矩稍大，比其他几种突然短路的冲击转矩大很多。

2）各种突然短路中，交流或直流侧带负载的突然短路比相应的不带负载的突然短路的冲击转矩大。

以上结论可为双绕组发电机的优化设计提供必要的理论依据。

6.4　本章小结

本章完成的工作和说明如下：

1）建立了双绕组发电机系统的一般电路仿真模型，并验证了其准确性。

2）根据交流绕组与整流绕组各 Y 间以及整流绕组各 Y 之间互感的相等与不相等，电路仿真模型可分为四种：模型Ⅰ、模型Ⅱ、模型Ⅲ和模型Ⅳ，模型Ⅰ是等互感模型（即采用本书引入的两项假设的模型），其他三种为不等互感模型，模型Ⅱ为一般电路仿真模型。

3）用四种模型仿真了交、直流同时突然短路，得出了以下结论：

① 对交流和直流侧短路电流来说，引入的两项等互感假设对

交流和直流侧短路电流的影响很小。

②　交流绕组与整流绕组各 Y 互漏抗的差异，造成整流绕组交流侧各 Y 电流不均衡；因此，若要研究交流绕组有电流情况下的整流绕组交流侧的相电流，则应该用模型Ⅳ（或Ⅱ）进行仿真，这体现了本书所采用的第二假设（交流绕组与整流绕组各 Y 之间等互感）的局限性；而整流绕组各 Y 之间互漏抗的差异无论对交流和直流侧短路电流，还是对整流绕组各 Y 绕组相电流的影响都很小，因此，可按等互感处理，即认为 4Y 相互间的互漏抗相等。

③　仿真结果表明，交、直流同时突然短路的交流侧和直流侧最大短路电流分别小于交流侧或直流侧单独突然短路的最大短路电流，这与第 3 章分析的结论一致。

④　仿真结果进一步证明了直流侧线路电阻对短路电流有明显影响（与第 3 章分析的结果一致）。

4）仿真了交流侧带负载时直流侧空载突然短路，得出了以下结论：

①　交流负载对直流侧短路电流的影响：在同一交流电压和负载电流的情况下，功率因数对直流侧短路电流的影响不大；在同一交流电压和一定功率因数下，随着交流负载的增大，直流侧最大短路电流增大。

②　交流侧带负载时直流侧短路后，交流绕组电流迅速衰减至很小的稳态值（比短路前稳态电流小很多），所以直流侧短路不会产生大的交流电流；直流侧短路后，交流侧的电压迅速下降至很小的稳态值，已不能正常工作。

③　同一交流电压下，交流带负载时直流侧空载突然短路的最大短路电流略大于直流侧单独空载突然短路的最大短路电流，这与第 4 章分析的结论一致。

给出了典型双绕组发电机各种突然短路故障时的冲击电流及其相互关系，为双绕组发电机和保护装置的优化设计提供了必要的理论依据。

本书所建的电路仿真模型，经过适当修改后，也可用于仿真其他的各种工况，例如，交流不对称短路，交流或直流侧突加负载等。

　　本章对 3/12 相双绕组交直流发电机特有的几种突然短路工况的电磁转矩进行了解析分析或仿真研究，得出了交、直流同时突然短路电磁转矩的简明解析式和最大转矩的粗略估计式、交流侧带负载时直流侧突然短路的电磁转矩的解析式；应用所建的电路仿真模型对各种突然短路的电磁转矩进行了仿真研究，并对典型双绕组发电机各种工况下突然短路冲击转矩进行了比较，为双绕组发电机的优化设计提供了必要的理论依据。模拟样机试验证明了本书理论分析的准确性。

附　　录

附录 A　样机的主要参数

1. 工程样机主要参数

额定值：（略）

主要参数（pu）：

$x_{lA} = 0.1037$、$r_A = 0.0114$、$x_{Ad} = 3.8748$、$x_{Aq} = 3.7186$

$x_{lmAy1} = 0.0319$、$x_{lmAy2} = 0.0418$、$x_{lmAy3} = 0.0418$、$x_{lmAy4} = 0.0319$

$x_{ly} = 0.1379$、$r_y = 0.0255$

$x_{lm1} = 3.0398 \times 10^{-3}$、$x_{lm2} = -3.09 \times 10^{-2}$

$x_{lfd} = 0.1387$、$x_{lfq} = 0.8359$、$x_{lkd} = 0.0615$、$x_{lkq} = 0.0615$

$r_{fd} = 0.0045$、$r_{fq} = 0.0161$、$r_{kd} = 0.0407$、$r_{kq} = 0.0407$

$k = 2.1363$

2. 模拟样机主要参数

额定值：

三相交流绕组：$U_{ACN} = 390V$，$I_{ACN} = 9.44A$，$\cos\varphi = 0.8$

十二相整流绕组直流侧：$U_{DCN} = 255V$，$I_{DCN} = 52A$

主要参数（pu）：

$x_{lA} = 0.01794$、$r_A = 0.03333$、$x_{Ad} = 0.61248$、$x_{Aq} = 0.61248$

$x_{lmAy1} = 0.005913$、$x_{lmAy2} = 0.005913$、$x_{lmAy3} = 0.007804$、$x_{lmAy4} = 0.007804$

$x_{ly} = 0.02191$、$r_y = 0.01115$

$x_{lm1} = -1.598 \times 10^{-4}$、$x_{lm2} = -6.0065 \times 10^{-3}$

$x_{lfd} = 0.02506$、$x_{lfq} = 0.06897$、$x_{lkd} = 0.01737$、$x_{lkq} = 0.01737$

$r_{fd} = 0.004092$、$r_{fq} = 0.006255$、$r_{kd} = 0.0141$、$r_{kq} = 0.0141$

$k = 2.1363$

附录 B　运算式展开及短路电流计算

本书在 Mathcad 的文件中，将 3.4.2 节中有关的运算展开式展开（用嵌套的方式），并直接用于短路电流的计算。

Mathcad 中的有关符号与本书中的符号略有不同，说明如下：

Ta1、Ta2、T″d、T′d、T″q、T′q 分别表示相应的定转子时间常数：T_{a1}、T_{a2}、T''_d、T'_d、T''_q、T'_q。

xda1、x′da1、x″da1、xqa1、x′qa1、x″qa1 分别表示 x_{da1}、x'_{da1}、x''_{da1}、x_{qa1}、x'_{qa1}、x''_{qa1}。其他代号类似。

1. 展开式中的约定代号

$$\alpha1 := \frac{1}{Ta1} \quad \alpha2 := \frac{1}{Ta2} \quad \alpha12 := \alpha1 - \alpha2 \quad A1 := 1 + \alpha1^2$$

$$A2 := 1 + \alpha2^2 \quad A3 := 4 + \alpha12^2$$

$$Rd := x''da1 \cdot \left(\frac{1}{T'd} + \frac{1}{T''d} - \frac{1}{T'd0} - \frac{1}{T''d0}\right)$$

$$Rq := x''qa1 \cdot \left(\frac{1}{T'q} + \frac{1}{T''q} - \frac{1}{T'q0} - \frac{1}{T''q0}\right)$$

$$c'd := \frac{\frac{x''da1}{xda1} + \frac{Rd \cdot T''d}{x''da1} - 1}{T'd - T''d} \qquad c''d := \frac{\frac{-x''da1}{xda1} + \frac{-Rd \cdot T'd}{x''da1} + 1}{T'd - T''d}$$

$$c'q := \frac{\frac{x''qa1}{xqa1} + \frac{Rq \cdot T''q}{x''qa1} - 1}{T'q - T''q} \qquad c''q := \frac{\frac{-x''qa1}{xqa1} + \frac{-Rq \cdot T'q}{x''qa1} + 1}{T'q - T''q}$$

$$Td11 := \frac{1}{T'd} - \frac{1}{Ta1} \quad Td12 := \frac{1}{T'd} - \frac{1}{Ta2}$$

$$Td21 := \frac{1}{T''d} - \frac{1}{Ta1} \quad Td22 := \frac{1}{T''d} - \frac{1}{Ta2} \quad c'd11 := \frac{c'd}{1 + Td11^2}$$

$$c'd12 := \frac{c'd}{1 + Td12^2} \quad c''d22 := \frac{c''d}{1 + Td22^2} \quad c''d21 := \frac{c''d}{1 + Td21^2}$$

$$Tq11 := \frac{1}{T'q} - \frac{1}{Ta1} \quad Tq12 := \frac{1}{T'd} - \frac{1}{Ta2} \quad Tq21 := \frac{1}{T''q} - \frac{1}{Ta1}$$

$$Tq22 := \frac{1}{T''q} - \frac{1}{Ta2} \quad c'q11 := \frac{c'q}{1 + Tq11^2} \quad c''q21 := \frac{c''q}{1 + Tq21^2}$$

$$c'q12 := \frac{c'q}{1 + Tq12^2} \quad c''q22 := \frac{c''q}{1 + Tq22^2}$$

$$cds1 := c'd11 + c''d21 \quad cds2 := c'd12 + c''d22$$

$$cqs1 := c'q11 + c''q21 \quad cqs2 := c'q12 + c''q22$$

$$cdT1 := 1 + c'd11 \cdot Td11 + c''d21 \cdot Td21$$

$$cdT2 := 1 + c'd12 \cdot Td12 + c''d22 \cdot Td22$$

$$cqT1 := 1 + c'q11 \cdot Tq11 + c''q21 \cdot Tq21$$

$$cqT2 := 1 + c'q12 \cdot Tq12 + c''q22 \cdot Tq22$$

$$xdd2 := \frac{1}{x''da1} - \frac{1}{x'da1} \quad xdd1 := \frac{1}{x'da1} - \frac{1}{xda1} \quad xdd0 := \frac{1}{xda1}$$

$$xqq2 := \frac{1}{x''qa1} - \frac{1}{x'qa1} \quad xqq1 := \frac{1}{x'qa1} - \frac{1}{xqa1} \quad xqq0 := \frac{1}{xqa1}$$

$$T11 := \frac{1}{T'd} - \frac{1}{T'q} \quad T12 := \frac{1}{T'd} - \frac{1}{T''q} \quad T21 := \frac{1}{T''d} - \frac{1}{T'q}$$

$$T22 := \frac{1}{T''d} - \frac{1}{T''q} \quad H00 := \frac{1}{A1 \cdot A2}$$

$$H0c1 := \frac{A1 \cdot \left(1 - 2 \cdot \dfrac{\alpha2}{\alpha12}\right) - A3}{A1 \cdot A2 \cdot A3}$$

$$H0s1 := \frac{A1 \cdot \left(\alpha12 + \dfrac{A3}{\alpha12} - 2 \cdot \alpha2\right) - 2 \cdot \alpha1 \cdot A3}{2 \cdot A1 \cdot A2 \cdot A3}$$

$$H0c2 := \frac{2 \cdot \dfrac{\alpha2}{\alpha12} - 1}{A2 \cdot A3} \quad H0s2 := -\frac{\dfrac{2}{\alpha12} + \alpha2}{A2 \cdot A3}$$

$$H1c1 := \frac{2}{A3 \cdot \alpha12} \quad H1s1 := \frac{1}{A3} \quad H1c2 := -H1c1$$

$$H1s2 := \frac{1}{A3} \quad H2c1 := -\frac{\alpha1 + \alpha2}{A3 \cdot \alpha12}$$

$$H2s1 := -\frac{2 + \alpha1 \cdot \alpha12}{A3 \cdot \alpha12} \quad H2c2 := \frac{\alpha1 + \alpha2}{A3 \cdot \alpha12}$$

$$H2s2 := \frac{2 - \alpha2 \cdot \alpha12}{A3 \cdot \alpha12} \quad H3c1 := -\frac{2 - 2 \cdot \alpha2 \cdot \alpha1}{A3 \cdot \alpha12}$$

$$H3s1 := \frac{\alpha1^2 \cdot \alpha12 + \alpha2 + 3 \cdot \alpha1}{A3 \cdot \alpha12}$$

$$H3s2 := \frac{\alpha2^2 \cdot \alpha12 - \alpha1 - 3 \cdot \alpha2}{A3 \cdot \alpha12} \qquad H3c2 := -H3c1$$

$$Z'q1 := \frac{1}{x''da1} \cdot \left(1 + \frac{c'd}{T11} + \frac{c''d}{T21}\right) \qquad Z'd1 := -\frac{c'd}{x''da1 \cdot T11}$$

$$Z''d1 := -\frac{c'd}{x''da1 \cdot T21} \qquad Z''q2 := \frac{1}{x''da1} \cdot \left(1 + \frac{c'd}{T12} + \frac{c''d}{T22}\right)$$

$$Z'd2 := -\frac{c'd}{x''da1 \cdot T12} \qquad Z''d2 := -\frac{c''d}{x''da1 \cdot T22}$$

$$Z00 := \frac{1}{xda1 \cdot xqa1}$$

$$Zd1 := \frac{xdd1}{xqa1} - \frac{xqq2 \cdot c'd}{x''da1 \cdot T12} - \frac{xqq1 \cdot c'd}{x''da1 \cdot T11}$$

$$Zd2 := \frac{xdd2}{xqa1} - \frac{xqq2 \cdot c''d}{x''da1 \cdot T22} - \frac{xqq1 \cdot c''d}{x''da1 \cdot T21}$$

$$Zq1 := \frac{xqq1}{x''da1} + \frac{xqq1}{x''da1} \cdot \left(\frac{c'd}{T11} + \frac{c''d}{T21}\right)$$

$$Zq2 := \frac{xqq2}{x''da1} + \frac{xqq2}{x''da1} \cdot \left(\frac{c'd}{T12} + \frac{c''d}{T22}\right)$$

2. 展开式

为简明，以下展开式后的单位阶跃函数 **1** 省略。

（1）$\dfrac{1}{N_0(p)}\mathbf{1}$、$\dfrac{1}{N_1(p)}\mathbf{1}$

N0(t)、N1(t) 分别表示 $\dfrac{1}{N_0(p)}\mathbf{1}$、$\dfrac{1}{N_1(p)}\mathbf{1}$ 的展开式，应用上述代号可得

$$N0(t) := \frac{1}{A1}\left[1 - e^{-\alpha1 t}(\cos(t) + \alpha1\sin(t))\right]$$

$$N1(t) := e^{-\alpha1 t}\sin(t)$$

（2）$\dfrac{1}{H_0(p)}\mathbf{1}$、$\dfrac{1}{H_1(p)}\mathbf{1}$、$\dfrac{1}{H_2(p)}\mathbf{1}$、$\dfrac{1}{H_3(p)}\mathbf{1}$

H0(t)、H1(t)、H0(t)、H0(t) 分别表示 $\dfrac{1}{H_0(p)}\mathbf{1}$、$\dfrac{1}{H_1(p)}\mathbf{1}$、

$\dfrac{1}{H_2(p)}\mathbf{1}$、$\dfrac{1}{H_3(p)}\mathbf{1}$ 的展开式，应用上述代号可得

H0(t)：= H00 + H0c1 · $e^{-\alpha 1 \cdot t}$ · cos(t) + H0s1 · $e^{-\alpha 1 \cdot t}$ · sin(t) + H0c2 · $e^{-\alpha 2 \cdot t}$ · cos(t) + H0s2 · $e^{-\alpha 2 \cdot t}$ · sin(t)

H1(t)：= H1c1 · $e^{-\alpha 1 \cdot t}$ · cos(t) + H1s1 · $e^{-\alpha 1 \cdot t}$ · sin(t) + H1c2 · $e^{-\alpha 2 \cdot t}$ · cos(t) + H1s2 · $e^{-\alpha 2 \cdot t}$ · sin(t)

H2(t)：= H2c1 · $e^{-\alpha 1 \cdot t}$ · cos(t) + H2s1 · $e^{-\alpha 1 \cdot t}$ · sin(t) + H2c2 · $e^{-\alpha 2 \cdot t}$ · cos(t) + H2s2 · $e^{-\alpha 2 \cdot t}$ · sin(t)

H3(t)：= H3c1 · $e^{-\alpha 1 \cdot t}$ · cos(t) + H3s1 · $e^{-\alpha 1 \cdot t}$ · sin(t) + H3c2 · $e^{-\alpha 2 \cdot t}$ · cos(t) + H3s2 · $e^{-\alpha 2 \cdot t}$ · sin(t)

（3）$\dfrac{1}{x_{da1}(p)}\mathbf{1}$、$\dfrac{1}{x_{da}(p)}\mathbf{1}$、$\dfrac{1}{x_{dA}(p)}\mathbf{1}$

Zd0(t)、Zda0(t)、ZdA0(t) 分别表示 $\dfrac{1}{x_{da1}(p)}\mathbf{1}$、$\dfrac{1}{x_{da}(p)}\mathbf{1}$、$\dfrac{1}{x_{dA}(p)}\mathbf{1}$ 的展开式，其他代号（q 轴方面）类似。

$$Zd0(t)：= \left(\dfrac{1}{x''da1} - \dfrac{1}{x'da1} \right) \cdot e^{-\frac{t}{T''d}} + \left(\dfrac{1}{x'da1} - \dfrac{1}{xda1} \right) \cdot e^{-\frac{t}{T'd}} + \dfrac{1}{xda1}$$

$$Zda0(t)：= \left(\dfrac{1}{x''da} - \dfrac{1}{x'da} \right) \cdot e^{-\frac{t}{T''da}} + \left(\dfrac{1}{x'da} - \dfrac{1}{xda} \right) \cdot e^{-\frac{t}{T'da}} + \dfrac{1}{xda}$$

$$ZdA0(t)：= \left(\dfrac{1}{x''dA} - \dfrac{1}{x'dA} \right) \cdot e^{-\frac{t}{T''dA}} + \left(\dfrac{1}{x'dA} - \dfrac{1}{xdA} \right) \cdot e^{-\frac{t}{T'dA}} + \dfrac{1}{xdA}$$

（4）$\dfrac{1}{x_{da1}(p)}e^{-\frac{t}{T'q}}\mathbf{1}$、$\dfrac{1}{x_{da1}(p)}e^{-\frac{t}{T'q}}\mathbf{1}$、$\dfrac{1}{x_{da1}(p)}\mathbf{1}$

Zde1(t)、Zde2(t)、Zde0(t) 分别表示 $\dfrac{1}{x_{da1}(p)}e^{-\frac{t}{T'q}}\mathbf{1}$、$\dfrac{1}{x_{da1}(p)}e^{-\frac{t}{T'q}}\mathbf{1}$、$\dfrac{1}{x_{da1}(p)}\mathbf{1}$ 的展开式，

$$Zde1(t) := Z'q1 \cdot e^{-\frac{t}{T'q}} + Z'd1 \cdot e^{-\frac{t}{T'd}} + Z''d1 \cdot e^{-\frac{t}{T''d}}$$

$$Zde2(t) := Z''q2 \cdot e^{-\frac{t}{T''q}} + Z'd2 \cdot e^{-\frac{t}{T'd}} + Z''d2 \cdot e^{-\frac{t}{T''d}}$$

$$Zde0(t) := Zd0(t)$$

(5) $\dfrac{1}{x_{da1}(p)}e^{-\frac{t}{T_{a1}}}\cos t\mathbf{1}$、$\dfrac{1}{x_{da1}(p)}e^{-\frac{t}{T_{a2}}}\cos t\mathbf{1}$、$\dfrac{1}{x_{da1}(p)}e^{-\frac{t}{T_{a1}}}\sin t\mathbf{1}$、

$\dfrac{1}{x_{da1}(p)}e^{-\frac{t}{T_{a2}}}\sin t\mathbf{1}$

$Zdc1(t)$、$Zdc2(t)$、$Zds1(t)$、$Zds2(t)$分别表示$\dfrac{1}{x_{da1}(p)}e^{-\frac{t}{T_{a1}}}\cos t\mathbf{1}$、

$\dfrac{1}{x_{da1}(p)}e^{-\frac{t}{T_{a2}}}\cos t\mathbf{1}$、$\dfrac{1}{x_{da1}(p)}e^{-\frac{t}{T_{a1}}}\sin t\mathbf{1}$、$\dfrac{1}{x_{da1}(p)}e^{-\frac{t}{T_{a2}}}\sin t\mathbf{1}$ 的展开式，

q 轴方面类似，

$$Zdc1(t) := \frac{1}{x''da1} \cdot \left(-c'd11 \cdot Td11 \cdot e^{-\frac{t}{T'd}} - c''d21 \cdot Td21 \cdot \right.$$
$$\left. e^{-\frac{t}{T''d}} + cdT1 \cdot e^{-\alpha1 \cdot t} \cdot \cos(t) + cds1 \cdot e^{-\alpha1 \cdot t} \cdot \sin(t) \right)$$

$$Zdc2(t) := \frac{1}{x''da1} \cdot \left(-c'd12 \cdot Td12 \cdot e^{-\frac{t}{T'd}} - c''d22 \cdot Td22 \cdot \right.$$
$$\left. e^{-\frac{t}{T''d}} + cdT2 \cdot e^{-\alpha2 \cdot t} \cdot \cos(t) + cds2 \cdot e^{-\alpha2 \cdot t} \cdot \sin(t) \right)$$

$$Zds1(t) := \frac{1}{x''da1} \cdot \left[\left(c'd11 \cdot e^{-\frac{t}{T'd}} + c''d21 \cdot e^{-\frac{t}{T''d}} \right) + cdT1 \cdot \right.$$
$$\left. e^{-\alpha1 \cdot t} \cdot \sin(t) - cds1 \cdot e^{-\alpha1 \cdot t} \cdot \cos(t) \right]$$

$$Zds2(t) := \frac{1}{x''da1} \cdot \left[\left(c'd12 \cdot e^{-\frac{t}{T'd}} + c''d22 \cdot e^{-\frac{t}{T''d}} \right) + cdT2 \cdot \right.$$
$$\left. e^{-\alpha2 \cdot t} \cdot \sin(t) - cds2 \cdot e^{-\alpha2 \cdot t} \cdot \cos(t) \right]$$

$$Zqc1(t) := \frac{1}{x''qa1} \cdot \left(-c'q11 \cdot Tq11 \cdot e^{-\frac{t}{T'q}} - c''q21 \cdot Tq21 \cdot \right.$$
$$\left. e^{-\frac{t}{T''q}} + cqT1 \cdot e^{-\alpha1 \cdot t} \cdot \cos(t) + cqs1 \cdot e^{-\alpha1 \cdot t} \cdot \sin(t) \right)$$

$$Zqc2(t) := \frac{1}{x''qa1} \cdot \left(-c'q12 \cdot Tq12 \cdot e^{-\frac{t}{T''q}} - c''q22 \cdot Tq22 \cdot \right.$$

$$e^{-\frac{t}{T''q}} + cqT2 \cdot e^{-\alpha 2 \cdot t} \cdot \cos(t) + cqs2 \cdot e^{-\alpha 2 \cdot t} \cdot \sin(t)\Big)$$

$$Zqs1(t) := \frac{1}{x''qa1} \cdot \Big[\Big(c'q11 \cdot e^{-\frac{t}{T''q}} + c''q21 \cdot e^{-\frac{t}{T''q}} \Big) + cqT1 \cdot$$

$$e^{-\alpha 1 \cdot t} \cdot \sin(t) - cqs1 \cdot e^{-\alpha 1 \cdot t} \cdot \cos(t) \Big]$$

$$Zqs2(t) := \frac{1}{x''qa1} \cdot \Big[\Big(c'q12 \cdot e^{-\frac{t}{T''q}} + c''q22 \cdot e^{-\frac{t}{T''q}} \Big) + cqT2 \cdot$$

$$e^{-\alpha 2 \cdot t} \cdot \sin(t) - cqs2 \cdot e^{-\alpha 2 \cdot t} \cdot \cos(t) \Big]$$

(6) $\dfrac{1}{x_{da1}(p)N_0(p)}\mathbf{1}$、$\dfrac{1}{x_{da1}(p)N_1(p)}\mathbf{1}$

ZNd0(t)、ZNd1(t)分别表示$\dfrac{1}{x_{da1}(p)N_0(p)}\mathbf{1}$、$\dfrac{1}{x_{da1}(p)N_1(p)}\mathbf{1}$的展开式，q轴方面类似，

$$ZNd0(t) := \frac{1}{A1} \cdot (Zd0(t) - Zdc1(t) - \alpha 1 \cdot Zds1(t))$$

$$ZNq0(t) := \frac{1}{A1} \cdot (Zq0(t) - Zqc1(t) - \alpha 1 \cdot Zqs1(t))$$

$$ZNd1(t) := Zds1(t) \quad ZNq1(t) := Zqs1(t)$$

(7) $\dfrac{1}{x_{da1}(p)H_0(p)}\mathbf{1}$、$\dfrac{1}{x_{da1}(p)H_1(p)}\mathbf{1}$、$\dfrac{1}{x_{da1}(p)H_2(p)}\mathbf{1}$、

$\dfrac{1}{x_{da1}(p)H_3(p)}\mathbf{1}$

ZHd0(t)、ZHd1(t)、ZHd2(t)、ZHd3(t)分别表示$\dfrac{1}{x_{da1}(p)H_0(p)}\mathbf{1}$、

$\dfrac{1}{x_{da1}(p)H_1(p)}\mathbf{1}$、$\dfrac{1}{x_{da1}(p)H_2(p)}\mathbf{1}$、$\dfrac{1}{x_{da1}(p)H_3(p)}\mathbf{1}$的展开式，q轴方面类似，

ZHd0(t) := H00 · Zd0(t) + H0c1 · Zdc1(t) + H0s1 · Zds1(t) + H0c2 · Zdc2(t) + H0s2 · Zds2(t)

ZHd1(t) := H1c1 · Zdc1(t) + H1s1 · Zds1(t) + H1c2 · Zdc2(t) + H1s2 · Zds2(t)

ZHd2(t) := H2c1 · Zdc1(t) + H2s1 · Zds1(t) + H2c2 · Zdc2(t) + H2s2 · Zds2(t)

ZHd3(t): = H3c1 · Zdc1(t) + H3s1 · Zds1(t) + H3c2 · Zdc2(t) + H3c2 · Zds2(t)

ZHq0(t): = H00 · Zq0(t) + H0c1 · Zqc1(t) + H0s1 · Zqs1(t) + H0c2 · Zqc2(t) + H0s2 · Zqs2(t)

ZHq1(t): = H1c1 · Zqc1(t) + H1s1 · Zqs1(t) + H1c2 · Zqc2(t) + H1s2 · Zqs2(t)

ZHq2(t): = H2c1 · Zqc1(t) + H2s1 · Zqs1(t) + H2c2 · Zqc2(t) + H2s2 · Zqs2(t)

ZHq3(t): = H3c1 · Zqc1(t) + H3s1 · Zqs1(t) + H3c2 · Zqc2(t) + H3s2 · Zqs2(t)

(8) $\dfrac{Zqc1(t)}{x_{da1}(p)}\mathbf{1}$、$\dfrac{Zqc2(t)}{x_{da1}(p)}\mathbf{1}$

Zdqc1(t)、Zdqc2(t)分别表示$\dfrac{Zqc1(t)}{x_{da1}(p)}\mathbf{1}$、$\dfrac{Zqc2(t)}{x_{da1}(p)}\mathbf{1}$ 的展开式，

Zdq(t)表示$\dfrac{1}{x_{da1}(p)x_{qa1}(p)}\mathbf{1}$展开式，其他类似，

Zdqc1(t): = $\dfrac{1}{x''qa1}$ · (− c′q11 · Tq11 · Zde1(t) − c″q21 · Tq21 · Zde2(t) + cqT1 · Zdc1(t) + cqs1 · Zds1(t))

Zdqs1(t): = $\dfrac{1}{x''qa1}$ · (c′q11 · Zde1(t) + c″q21 · Zde2(t) + cqT1 · Zds1(t) − cqs1 · Zdc1(t))

Zdqc2(t): = $\dfrac{1}{x''qa1}$ · (− c′q12 · Tq12 · Zde1(t) − c″q22 · Tq22 · Zde2(t) + cqT2 · Zdc2(t) + cqs2 · Zds2(t))

Zdqs2(t): = $\dfrac{1}{x''qa1}$ · (c′q12 · Zde1(t) + c″q22 · Zde2(t) + cqT2 · Zds2(t) − cqs2 · Zdc2(t))

Zdq(t): = Z00 + Zd1 · $e^{-\frac{t}{T''d}}$ + Zd2 · $e^{-\frac{t}{T''d}}$ + Zq1 · $e^{-\frac{t}{T''q}}$ + Zq2 · $e^{-\frac{t}{T''q}}$

(9) $\dfrac{1}{x_{da1}(p)x_{qa1}(p)H_0(p)}\mathbf{1}$、$\dfrac{1}{x_{da1}(p)x_{qa1}(p)H_1(p)}\mathbf{1}$、

$\dfrac{1}{x_{da1}(p)x_{qa1}(p)H_2(p)}\mathbf{1}$、$\dfrac{1}{x_{da1}(p)x_{qa1}(p)H_3(p)}\mathbf{1}$

ZHdq0（t）、ZHdq1（t）、ZHdq2（t）、ZHdq3（t）分别表示
$\dfrac{1}{x_{da1}(p)x_{qa1}(p)H_0(p)}$1、$\dfrac{1}{x_{da1}(p)x_{qa1}(p)H_1(p)}$1、$\dfrac{1}{x_{da1}(p)x_{qa1}(p)H_2(p)}$
1、$\dfrac{1}{x_{da1}(p)x_{qa1}(p)H_3(p)}$1 的展开式，

ZHdq0（t）:= H00 · Zdq（t）+ H0c1 · Zdqc1（t）+ H0s1 · Zdqs1（t）+ H0c2 · Zdqc2（t）+ H0s2 · Zdqs2（t）

ZHdq1（t）:= H1c1 · Zdqc1（t）+ H1s1 · Zdqs1（t）+ H1c2 · Zdqc2（t）+ H1s2 · Zdqs2（t）

ZHdq2（t）:= H2c1 · Zdqc1（t）+ H2s1 · Zdqs1（t）+ H2c2 · Zdqc2（t）+ H2s2 · Zdqs2（t）

ZHdq3（t）:= H3c1 · Zdqc1（t）+ H3s1 · Zdqs1（t）+ H3c2 · Zdqc2（t）+ H3s2 · Zdqs2（t）

3. 同时突然短路时 d、q 轴短路电流展开式

以下展开式后的单位阶跃函数 1 省略。

ida（t）:=（D10 · ZNd0（t）+ D11 · ZHd1（t）+ D12 · ZHq1（t）+ D13 · ZHd0（t）+ D14 · ZHdq0（t））· EA

idA（t）:=（D20 · ZNd0（t）+ D21 · ZHd1（t）+ D22 · ZHq1（t）+ D23 · ZHd0（t）+ D24 · ZHdq0（t））· EA

iqa（t）:=（Q10 · ZNq1（t）+ Q11 · ZHq2（t）+ Q13 · ZHq（t）+ Q14 · ZHdq1（t）+ Q12 · ZHd0（t）+ Q15 · ZHdq2（t）+ Q16 · ZHdq0（t））· EA

iqA（t）:=（Q20 · ZNq1（t）+ Q21 · ZHq2（t）+ Q23 · ZHq1（t）+ Q24 · ZHdq1（t）+ Q22 · ZHd0（t）+ Q25 · ZHdq2（t）+ Q26 · ZHdq0（t））· EA

由上面的展开式，略去有关的项后可得到相应的近似和简明表达式。

另外，因为 $x_{da1}(p)$ 和 $x_{dA1}(p)$ 以及 $x_{qa1}(p)$ 和 $x_{qA1}(p)$ 是同一量，所以上面的展开式不再区分它们。

参 考 文 献

[1] Paul W. Franklin. A theoretical study of the three phase salient pole type generator with simultaneous AC and bridge rectified DC output – Part Ⅰ and Part Ⅱ. IEEE Transactions on Power Apparatus and Systems, 1973, 92（2）: 543 –557.

[2] Schiferl R F, Ong C M. Six Phase Synchronous Machine with AC and DC Stator Connections, Part Ⅰ and Part Ⅱ. IEEE Transactions on Power Apparatus and Systems, 1983, 102（8）: 2685 –2701.

[3] 王善铭. 交直流混合供电系统运行性能的研究 [D]. 北京: 清华大学, 2000.

[4] 马伟明, 张盖凡, 刘德志, 等. 三相交流和多相整流同时供电的发电机: 中国, 94 107628. 8 [P]. 1999 –9.

[5] 吴旭升. 双绕组三相/十二相电机参数测量的研究 [D]. 武汉: 海军工程大学, 2000.

[6] 李义翔. 交直流混合供电双绕组发电机研究 [D]. 北京: 清华大学, 2000.

[7] 高景德, 张麟征. 电机过渡过程的基本理论及分析方法（上册）[M]. 北京: 科学出版社, 1982.

[8] 高景德, 张麟征. 电机过渡过程的基本理论及分析方法（下册）[M]. 北京: 科学出版社, 1983.

[9] 高景德. 交流电机过渡历程及运行方式的分析 [M]. 北京: 科学出版社, 1963.

[10] E. F. Fuchs, L. T. Tosenberg. Analysis of an alternator with two displaced stator windings. IEEE Transactions on Power Apparatus and Systems, 1974, 93（6）: 1776 –1786.

[11] 王化福, 钟润祥. 六相 30 °相带绕组电机整流特性 [J]. 船电技术, 1981（1）: 8 –21.

[12] 许实章, 李朗如, 马志云, 等. 六相双 Y 移 30 °绕组同步发电机突然短路电流和电磁转矩理论分析 [J]. 华中工学院学报, 1978（3）: 29 –74.

[13] 李朗如, 许实章, 代晓宁. 六相双 Y 移 30 °绕组同步发电机突然短路电

流和电磁转矩的试验研究 [J]. 华中工学院学报, 1979 (2): 194 – 206.

[14] 温增银, 胡会骏. 六相30°相带绕组同步发电机的不对称短路 [J]. 华中工学院学报, 1978 (1): 30 – 40.

[15] 马伟明. 应用三相系统对称分量法分析六相同步电机的非对称短路 [J]. 海军工程学院学报, 1991 (1): 18 – 23.

[16] 马伟明. 应用谐波平衡法分析六相电机不对称突然短路 [D]. 武汉: 海军工程学院, 1988.

[17] 温增银, 胡会骏. 六相30°相带绕组同步发电机短路的暂态过程 [J]. 华中工学院学报, 1974 (4).

[18] 汤广福, 傅鹏. 六相双Y同步电机等效电路及其参数的确定 [J]. 中小型电机, 1997, 24 (2).

[19] 李朗如, 王化福. 十二相带15°相带绕组交流发电机及其整流特性 [J]. 船电技术, 1986 (3): 10 – 19.

[20] 马伟明. 十二相同步发电机及其整流系统的研究 [D]. 北京: 清华大学, 1995.

[21] 马伟明, 胡安, 袁立军. 十二相同步发电机整流系统直流侧突然短路的研究 [J]. 中国电机工程学报, 1999, 19 (3): 31 – 36.

[22] 许洪华, 吉崇庆, 董宝亮. 带桥式变流器的凸级同步发电机的稳态特性分析 [J]. 中国电机工程学报, 1989 (9): 39 – 46.

[23] Paul W. Franklin. Theory of the three phase salient pole type generator with bridge rectified output – Part Ⅰ and part Ⅱ. IEEE Transactions on Power Apparatus and Systems, 1972, 91 (11): 1960 – 1975.

[24] W. J. Bonwick. Characteristics of a diode – bridge – loaded synchronous generator without damper windings. Proc. IEE, 1975, 122 (6): 637 – 642.

[25] W. J. Bonwick, W. H. Jones. Performance of a synchronous generator with a bridge rectifier. Proc. IEE, 1972, 119 (9): 1338 – 1342.

[26] W. J. Bonwick, W. H. Jones. Rectifier – loaded synchronous generators with damper windings. Proc. IEE, 1973, 120 (6): 659 – 666.

[27] 李朗如, 王化福, 邱东元. 带桥式整流负载的六相同步发电机换相电抗 [J]. 中小型电机, 1987 (1): 9 – 11.

[28] 张盖凡, 马伟明. 十二相同步发电机带桥式整流负载时的换相电抗 [J]. 海军工程学院学报, 1990 (4): 84 – 89.

[29] 李兴源, 黄耀群, 谢应璞, 等. 带整流负载时双Y同步发电机性能的

研究 [J]. 中国电机工程学报, 1988, 8 (2): 33 – 45.

[30] Xingyuan Li, O. P. Malik. Performance of a double – star synchronous generator with bridge rectified output. IEEE Trans. on EC, 1994, 9 (3): 613 – 619

[31] 张晓锋. 同步发电机整流系统的运行稳定性研究 [D]. 北京: 清华大学, 1995.

[32] Jacques J. Clade, Henri Persoz. Calculation of dynamic behavior of generators connected to a DC link, IEEE Trans. on PAS, 1968, 87 (7): 1553 – 1564.

[33] Maarten Steinbuch, Okko H. Bosgra. Dynamic modeling of a generator/rectifier system. IEEE Trans. on Power Electronics, 1992, 7 (1): 212 – 222.

[34] J. M. Vlleeshouwers et al. Experimental verification of a simple dynamic model of a synchronous machine with rectifier. In: Proceedings of International Conference on Electric machines. Manchester. 1992, 3.

[35] M. J. Hoeijmakers. The (in) stability of a synchronous machine with diode rectifier. In: Proceedings of International Conference on Electric machines. Manchester , 1992, 1.

[36] 张晓锋, 张俊洪, 孔小明. 同步发电机—整流桥—负载系统的模型与仿真. 中国电工技术学会第六届船舶电工学术会议, 常熟, 1993.

[37] 孔晓明, 庄亚平, 张晓锋. 船用同步发电机交流/整流系统稳定性分析. 中国电工技术学会第六届船舶电工学术会议, 常熟, 1993.

[38] 黄海译. 带二极管整流器的同步电机的稳定性 [J]. 船电技术, 1995 (5): 58 – 63.

[39] Zhang Xiaofeng, Zhang Gaifan, Zheng Fengshi. A Linearized Model and its Applications to Transient Analysis of Synchronous Generator – Rectifier – Load Systems. IMECE' 94, Shanghai, 1994.

[40] Ma Weiming, Liu Dezhi and Hu An. Experimental Study of a Diode – Bridge – Loaded Twelve – Phase Synchronous Generator System for Ship Propulsion. IMECE' 94, Shanghai, 1994.

[41] Ahmed M. El – Serafi, Somaya A. Shehata. Effect of synchronous machine parameters on its harmonic analysis under thyristor bridge operation. IEEE Trans. on PAS, 1980, 99 (1): 59 – 68.

[42] 马伟明, 张盖凡. 三相同步发电机供直流混合负载时交流电压波形的畸变 [J]. 电工技术学报, 1996, 11 (4): 36 – 42.

[43] Prasad A R, Ziogas P D, Fallaize R A. Passive Input Current Waveshaping

Method for Three Phase Diode Rectifiers. IEE Proc. – Electr. Power Appl.,
1992, 139 (6): 512 – 520.

[44] Arrillaga J, Yonghe L, Crimp C S et al. Harmonic Elimination by DC Ripple
Reinjection in Generator – convertor Units Operating at Variable Speeds. IEE
Proc. – Gener. Transm. Distrib., 1993, 140 (1): 57 – 64.

[45] 戴先中, 徐以荣, 何丹. 应用二次谐波注入抵消原理的无源单相低谐波
整流装置 [J]. 电工技术学报, 1998 (3): 23 – 26.

[46] Arrillaga J, Joosten A P B, Baird J F. Increasing the Pulse Number of AC –
DC Convertors by Current Reinjection Techniques. IEEE Transactions on
Power Apparatus and Systems, 1983, 102 (8): 2649 – 2655.

[47] Arrillaga J, Villablanca M E. Pulse Doubling in Parallel Convertor Configura-
tions with inter Phase Reactors. IEE Proc. – Electr. Power Appl., 1991,
138 (1): 15 – 20.

[48] Villablanca M E, Arrillaga J. Pulse Multiplication in Parallel Convertors by
Multitap Control of Interphase Reactor. IEE Proc. – Electr. Power Appl.,
1992, 139 (1): 13 – 20.

[49] Arrillaga J et al. Dynamic Modeling of Single Generators Connected to HVDC
Convertors. IEEE Transactions on Power Apparatus and Systems, 1978, 97
(4): 1018 – 1029.

[50] 张越雷, 梅柏杉. 六相双 Y 整流发电机动态特性的计算机仿真 [J]. 中
小型电机, 1999, 26 (4): 12 – 35.

[51] 卢贤良. 三相∇接法同步发电机带整流特性的数值仿真 [J]. 中国电机
工程学报, 1998, 18 (5): 323 – 329.

[52] 徐松, 高景德, 郑逢时. 带整流负载同步发电机的数字仿真 (Ⅱ) – 模
式分类法 [J]. 电工技术学报, 1992 (2): 1 – 7.

[53] 徐松, 高景德, 郑逢时. 带整流负载同步发电机的数字仿真 (Ⅲ) – 稳
态波形和特性 [J]. 电工技术学报, 1992 (3): 1 – 4.

[54] 郑德腾, 卢贤良. 带整流负载 6 相双 Y 移 30°绕组同步发电机换相过程
理论分析及计算机仿真 [J]. 电工技术学报, 1995 (8): 15 – 22.

[55] 王令蓉, 马伟明, 刘德志. 十二相同步发电机整流系统的数字仿真
(Ⅰ) – 数学模型 [J]. 海军工程学院学报, 1995 (3): 1 – 11.

[56] 马伟明, 刘德志, 王令蓉. 十二相同步发电机整流系统的数字仿真
(Ⅱ) – 仿真和试验结果 [J]. 海军工程学院学报, 1995 (4): 1 – 8.

[57] Kettleborough J G, Smith I R, Fanthome B A. Simulation of a Dedicated
Aircraft Generator Supplying a Heavy Rectified Load. IEE Proc. – Electr.

Power Appl. , 1983, 130 (6): 431 – 435.

[58] Ballay J F, Ivanes M, Poloujadoef M et al. Computer Aided Analytical Study of the Transient Operation of an Exciter – alternator – rectifier Set, IEEE Transactions on Energy Conversion, 1990, 5 (4): 750 – 758.

[59] 汤广福, 许家治, 刘正之. 一种新型六相双 Y 同步电机数学模型的分析和研究 [J]. 大电机技术, 1996 (4): 21 – 24.

[60] 王祥珩. 凸级同步电机的多回路理论及其在分析多支路绕组内部故障时的应用 [D]. 北京: 清华大学, 1985.

[61] Wang Shanming, Wang Xiangheng, Ma Weiming et al. Research on the Three – phase/twelve – phase Hybrid AC – DC Supply Generator System Including Saturation. CICEM' 99, Xi' an, 1999.

[62] 高景德, 王祥珩, 李发海. 交流电机及其系统的分析 [M]. 北京: 清华大学出版社, 1995.

[63] Williamson S, Volschenk A F. Time – stepping Finite Element Analysis for a Synchronous Generator Feeding a Rectifier Load. IEE Proc – Electr. Power Appl, 1995, 142 (1).

[64] 蒋忠纬, 聂伟. 同步发电机 – 半导体整流系统全模式瞬态数字仿真分析 [J]. 微特电机, 1993 (5): 2 – 7.

[65] S. S. Yegna Narayanan et al. Performance analysis of a diesel engine driven brushless alternator with combined AC and thyrister fed DC loads through PSPICE. In: Proceedings of the IEEE International Conference on Power Electroincs, Drives & Energy Systems for Industrial Growth. 1996, 1.

[66] Miroslav Chomat. Dynamic space phasor model of synchronous generator loaded with controlled rectifier. Acta Tech, 1995, CSAV 40: 139 – 156.

[67] S. D. Sudhoff et al. Analysis of average – value modeling of line – commutated converter – synchronous machine systems. IEEE Trans. on EC, 1993, 8 (1).

[68] S. D. Sudhoff. Waveform reconstruction from the average – value model of line – commutated converter – synchronous machine systems. IEEE Trans. on EC, 1993, 8 (3).

[69] S. D. Sudhoff. Analysis of average – value modeling of dual line – commutated converter – 6 – phase synchronous machine systems. IEEE Trans. on EC, 1993, 8 (3).

[70] S. D. Sudhoff et al. Transient and dynamic average – value modeling of synchronous machine fed load – commutated converters. IEEE Trans. on EC,

1996, 11 (3).

[71] J. F. BALLAY, M. IVANES, M. POLOUJADOFF. Computer aided analysis study of the transient operation of an exciter – alternator – rectifier set. IEEE Trans. on EC, 1990, 5 (4): 750 – 760.

[72] Sun Junzhong, Ma Weiming, Wu Xusheng, et al. Modeling and Simulation of 3 – &3 – phase AC – DC Integrated Synchronous Generators. IEEE – PES/ CSEE INTERNATIONAL CONFERENCE ON POWER SYSTEM. Kunming, 2002. 10.

[73] Yang Qing, Ma Weiming, Sun Junzhong et al. Simulation Study of the Stability of Three Phase Synchronous Generators with Simultaneous AC and Rectified DC Load. IMECE 2000, Shanghai, 2000.

[74] Arkadan A A, Hijazi T M, Demerdash N A. Theoretical Development and Experimental Verification of a DC – AC Electronically Rectified Load – Generator System Model Compatible with Common Network Analysis Software Packages. IEEE Transactions on Energy Conversion, 1988, 3 (1): 123 – 131.

[75] 杨青, 马伟明, 张磊. 电路模型在同步发电机整流系统仿真中应用 [J]. 中小型电机. 2001. 2: 9 – 12.

[76] 陈新刚. 船舶直流电力系统短路电流研究 [D]. 武汉: 海军工程大学, 2000.

[77] BS 4296, Methods of Test for Determining Synchronous Machine Quantities, British Standards Institution: 1968.

[78] H. Kaminosono and K. Uyeda, New Measurement of Synchronous Machine Quantities, IEEE Trans. Vol. PAS – 987 (11), 1968: 1908 – 1917.

[79] 白延年. 水轮发电机设计与计算 [M]. 北京: 机械工业出版社, 1982.

[80] 马伟明, 胡安, 刘德志, 等. 同步发电机 – 整流器 – 反电动势负载系统的稳定性分析 [J]. 电工技术学报, 2000, 15 (1): 1 – 6.

[81] Zhang Gaifan, Ma Weiming. Transient Analysis of Synchronous Machines. Wuhan: Hubei Science and Technology Press, 2001.

[82] 黄旭光, 张盖凡. 应用谐波平衡原理分析同步电机的突然非对称短路 [J]. 海军工程学院学报, 1988 (1): 6 – 15.

[83] 陈文纯. 电机瞬变过程 [M]. 北京: 机械工业出版社, 1982.

[84] 黄家裕, 岑文辉. 同步电机基本理论及其动态行为分析 [M]. 上海: 上海交通大学出版社, 1989.

[85] 陈珩. 同步电机运行基本理论与计算机算法 [M]. 北京: 水利电力出版社, 1990.

[86] 贺益康. 交流电机的计算机仿真 [M]. 北京：科学出版社，1990.

[87] Duesterhoeft, W. C. et al. determination of instantaneous currents and voltages by means of alpha, beta, and zero components. AIEE Trans. Vol. 70, 1951：1248 – 1255.

[88] Ching, Y. K., Adkins, B. Transient Theory of synchronous generators under unbalanced conditions. PIEE (london), Vol, 101, Part IV, 1954：166 – 182.

[89] Hwang, H. H. Unbalanced operations of AC machines. IEEE Trans, PAS. Vol. 84 (11), 1965：1054 – 1066.

[90] Hwang, H. H. Mathematical analysis of double line – to ground short circuit of alternator. IEEE Trans. PAS. Vol. 86 (10), 1967：1254 – 1275.

[91] Hwang, H. H. Transient Analysis of unbalanced short circuit of synchronous machines. IEEE Trans. PAS. Vol. 88 (1), 1969. 1.

[92] Dash, P. K. Transient performance of three – phase inductor – type synchronous generators. Part Ⅱ, IEEE. Trans. PAS. Vol. 91, 1972：1157 – 1161.

[93] 马伟明，杨青，胡安，等. 交直流混合发电供电系统突然短路研究. 全国高校电力系统及其自动化专业第十六届学术年会，吉林，2000.

[94] 孙俊忠，马伟明，杨青，吴旭升. 交直流同时供电的发电机不对称突然短路分析 [J]. 中小型电机. 2001. 3：21 – 25.

[95] 孙俊忠，马伟明，杨青，等. 六相交直流同时供电发电机直流侧突然短路电流分析 [J]. 中国电机工程学报，2001，21 (12)：16 – 20.

[96] Sun Junzhong, Ma Weiming, Wu Xusheng, et al. Sudden DC – side short circuit of six – phase synchronous generators with simultaneous AC and bridge rectified DC output. IMECE′2000 PROCEEDINGS OF THE 4th INTERNATIONAL MARINE ELECTROTECHNOLOGY CONFERENCE. Shanghai, 2000. 11.

[97] 孙俊忠. 十二相电机不对称突然短路的分析 [D]. 武汉：海军工程大学，1990.

读者需求调查表

个人信息

姓名:		出生年月:		学历:	
联系电话:		手机:		E-mail:	
工作单位:				职务:	
通讯地址:				邮编:	

1. 您感兴趣的科技类图书有哪些?

　□自动化技术　□电工技术　□电力技术　□电子技术　□仪器仪表　□建筑电气

　□其他（　　　）以上各大类中您最关心的细分技术（如 PLC）是：（　　　）

2. 您关注的图书类型有：

　□技术手册　□产品手册　□基础入门　□产品应用　□产品设计　□维修维护

　□技能培训　□技能技巧　□识图读图　□技术原理　□实操　　　□应用软件

　□其他（　　　）

3. 您最喜欢的图书叙述形式为：

　□问答型　□论述型　□实例型　□图文对照　□图表　□其他（　　　）

4. 您最喜欢的图书开本为：

　□口袋本　□32 开　□B5　□16 开　□图册　□其他（　　　）

5. 你常用的图书信息获得渠道为：

　□图书征订单　□图书目录　□书店查询　□书店广告　□网络书店　□专业网站

　□专业杂志　□专业报纸　□专业会议　□朋友介绍　□其他（　　　）

6. 你常用的购书途径为：

　□书店　□网站　□出版社　□单位集中采购　□其他（　　　）

7. 您认为图书的合理价位是（元/册）：

　手册图册（　　）技术应用（　　）技能培训（　　）基础入门（　　）其他（　　）

8. 您每年的购书费用为：

　□100 元以下　□101~200 元　□201~300 元　□300 元以上

9. 您是否有本专业的写作计划?

　□否　　　□是（具体情况：　　　　　）

非常感谢您对我们的支持，如果您还有什么问题欢迎和我们联系沟通!

地址：北京市西城区百万庄大街 22 号　机械工业出版社电工电子分社　邮编：100037

联系人：张俊红　联系电话：13520543780　传真：010-68326336

电子邮箱：buptzjh@163.com（可来信索取本表电子版）

编著图书推荐表

姓名		出生年月		职称/职务		专业	
单位				E – mail			
通讯地址						邮政编码	
联系电话				研究方向及教学科目			

个人简历（毕业院校、专业、从事过的以及正在从事的项目、发表过的论文）

您近期的写作计划有：

您认为目前市场上最缺乏的图书及类型有：

地址：北京市西城区百万庄大街22号 机械工业出版社 电工电子分社

邮编：100037 网址：www. cmpbook. com

联系人：张俊红 电话：13520543780/010-88379786 010-68326336（传真）

E – mail：buptzjh@ 163. com（可来信索取本表电子版）